U0236835
核心景观
《上册》
金盘地产传媒有限公司 策划
广州市唐艺文化传播有限公司 编著
中国林业出版社
China Forestry Publishing House

图书在版编目(CIP)数据

核心景观:全2册/广州市唐艺文化传播有限公司编著.
——北京:中国林业出版社,2015.11

ISBN 978-7-5038-8240-1

Ⅰ.①核… Ⅱ.①广… Ⅲ.①景观设计-图集 Ⅳ.
①TU986.2-64

中国版本图书馆CIP数据核字(2015)第260714号

核心景观

编　　著	广州市唐艺文化传播有限公司
责任编辑	纪　亮　王思源
策划编辑	高雪梅
文字编辑	高雪梅
装帧设计	林国仁
出版发行	中国林业出版社
出版社地址	北京西城区德内大街刘海胡同7号,邮编:100009
出版社网址	http://lycb.forestry.gov.cn/
经　　销	全国新华书店
印　　刷	利丰雅高印刷(深圳)有限公司
开　　本	1016×1320　1/16
印　　张	39
版　　次	2015年12月第1版
印　　次	2015年12月第1次印刷
标准书号	ISBN 978-5038-8240-1
定　　价	568.00元　(全2册)

图书如有印装质量问题,可随时向印刷厂调换(电话:0755-26645100。)

序

伴随国内房地产业的迅速发展，景观行业进入了前所未有的快速发展期，开始越来越被人们认可，并已成为决定项目品质的最重要因素。因此，景观设计类图书也日益受到景观设计师和景观爱好者的关注。

当下景观设计类图书在内容编排上主要有两种方式：一种是以整体景观为主，一种是以景观细部为主。这两种编排方式各有利弊，其中以整体景观为主的编排方式，其优点是强调了项目整体景观的完整性和齐全性，能面面俱到地体现出项目的景观特色。而正是由于这一“面面俱到”的优势，反而使摄影师在实景拍摄过程中，不能捕捉到景观细部中的独特精华，从而造成拍摄图片的质量良莠不齐，最终影响了整本图书在项目上的品质感；而以景观细部为主的编排方式虽在参考价值上更具优势，但由于针对“细部”这一特定对象，其不足之处明显的表现在具有片面性和不完整性，以及在阅读时对整体景观形成割裂的错觉。

针对上述现状，本书融合了这两种编排方式，以景观细部类图书的分类方式，即“小景观”作为明线，以整体景观类图书的分类方式，即“项目”为暗线，通过对项目整体景观以及局部景观点的描述，来突出在整体景观设计之下，小景观如何做到迎合与创新。这样，在以景观项目作为出发点的情况下，既保证了景观设计的完整性，同时又突出了局部景观亮点，此为本书的出版宗旨。

本书所指“小景观”并非常规意义上的景观细部，而是指整个景观中的核心景观，最具亮点的景观部分。比如社区中的中心景观、空中花园、屋顶花园；别墅的前庭、后院；酒店中庭的景观；公共空间中的室内景观等。通过项目的核心景观可以看出其整体景观风格与特点。另外由于本书所选项目来自世界各地，除涵盖国内一线城市的知名住宅、公寓、办公、商业等项目外，更包含日本、澳大利亚、墨西哥、巴黎等住宅、商业、公建项目。通过对各地项目中核心景观的详细分析，展示出当前世界整体景观设计的潮流与趋势。此为“以小见大”的内涵，即本书书名的由来。

在核心景观设计中，通过以小见大的方式，用明快、简洁的手法抽象提炼出设计元素运用到景观中去，讲究“少即是多”，延展视觉，使其成为整体环境中的点睛之笔。

2012年5月25日，一篇名为《到中国去》的报道由英国《金融时报》发出，记者布莱尔·格罗姆写道：

随着欧洲紧缩措施的影响，来自公共部门的业务急转直下，英国景观设计公司意识到：必须从其他地方寻找与建筑相关的工程，作为公司利润来源。答案很清楚——这个地方就是中国。

英国的景观设计公司因为本国业务量的减少，人员裁减，而不得不通过在中国一线城市开设办事处，来开拓新的业务。

AWP老板兼设计师史蒂夫·劳斯表示：中国市场几乎已成为：一条必不可少的救生索……中国业务为我们指明了未来的方向。

在这样的背景下，中国的景观市场方兴未艾，如火如荼，今天，全世界的双眼都在紧盯着这片古老的土地。机遇让华夏大地上的景观作品层出不穷，来自世界各地的设计精英，在中国实现着他们的景观之梦。

近10年来，“景观”这个舶来品，因为海量的工作机会和实践机会，让我们的市场上积累了大量的作品。如果说大景观是看规划布局、功能分区等理性层面，那么，本书所要呈现的，则是核心景观的魅力。所谓核心景观，是指一件景观作品之中，最具亮点的景观部分，是设计师的创意与灵感的集合，是感性的艺术展现。笔者称之为——“景观眼”。

这次应唐艺设计资讯集团综合出版部的邀请，看到贵司提出这个小景观的概念，让我很欣慰。小景观（核心景观）是整个项目的灵魂，是景观之眼，其在工作重点，工程造价等方面，都占据极大的优势，是整体景观的核心竞争力。平庸的设计抄袭比比皆是，而这花心思的小景观越是与别不同，愈能显现出设计师的功力所在。应该有这样一个平台，这样一本著作，来推介这些优秀作品的小景观构思之精妙和工艺之精湛，让更多的朋友来欣赏它的美！

景观设计，首先是人，其次是自然，然后才是景观。好的景观，是人在自然中的生动展现。愚以为，空有硬质构筑物，花再多的钱，没有人的使用和参与，没有与自然的交相融合，都是失败的景观作品。因此，在设计中考虑布置人的活动场地，引导其参与性；点缀种植设计，形成植物群落，这些柔性的设计，更能看出一名设计师的功力之所在。这也是笔者这10年来工作经验的一点体会。

谈到种植设计，我不由得想起之前做过的一个项目，中轴线上的林荫景观大道，是去苗圃逐棵选取的大银杏。初始跟设计师沟通，就希望能够形成这样一个核心景观大道。一到秋季，杏黄色的银杏叶子，形成一派金灿灿的景观之美。光有好的想法还不够，在预算上，我们多次找成本部沟通；在选苗上，亲自去苗圃定苗，才形成了项目的完成。

小景观是城市景观的组成部分，是社区、街道、酒店、餐饮景观的重要体现，而人是这其中的重要主题，从这个角度理解，作为景观从业者的景观设计师，我们看重其所承载的重要的使命，为人提供一个舒适的生活环境便是一个我们始终坚持的设计理念。舒适的定义，不仅体现在视觉意境的营造，还包括安全性、功能性、情感性的考虑，同时还应承担起对当前的社会责任——低碳、环保。

小景观的自然和谐之美

不同的建筑个性，不见得必须有不同的景观个性相配合，当然，我个人也不反对有不同个性的景观相协调。我们知道庐山的万国别墅，那里的景观“风格”就一种——自然，它配合了不同的别墅风格。从景观的视觉意境来说，景观的最高目标是“印象山水”，中国的山水画对景观的借鉴意义非常大，“开合”、“虚实”、“远近”、“阴阳”、“疏密”等，这些山水画的结构原理与景观的空间布局十分相似，水墨山水的“勾”、“皴”、“染”、“点”的基本技法与景观的细节刻画又极其的类似。“中国古典园林”源之于“中国山水画”，“中国山水画”源之于“中国山水”。“吾师心，心师目，目师造化”，这是中国山水画大师，汲取养分的宗旨。其也为社区景观汲取灵感提供了一种借鉴，“做好景观从欣赏山水画，游历山水开始”。当然，这是一个需要沉淀与发扬的过程。

植物景观如何与建筑融为一体？

世界原本就是植物王国的天下，建筑伴随着文明的出现才出现，植物与建筑的融合就如 “万国别墅”一样，在风格上没必要过多的强调其差异性。但是，考虑到人的参与，必须考虑好日照、通风对住户的影响，以及风俗习惯的差异。结合上面的一些沟通，用八个字概括小区景观——“思源五行、道法自然”。前四个字是对人的思考——是人们在长期的生活实践中所总结的经验、规律。后四个字是对自然的提炼，是对自然美景的归纳，取舍。对社区景观而言，我们最终是要创造“人与自然的和谐”。让融入到景观中的个体，体会到安全、舒适、惬意。

作为景观设计师最重要的是什么，与建筑设计师的异同点在哪里？

无论是建筑师，还是景观师，对生活的体验和感悟是最基本的，这是服务于客户的最起码的要求。对于景观设计师而言，不仅要具备专业的景观知识，而且还要具备对设计的前瞻性，在规划之初，景观专业就要提前介入，出谋划策，做好“环境规划”（以往我们所述的规划，更多意义上是“建筑规划”。）对效果的呈现而言，景观设计师除了对三维的空间进行把握外，还要对第四个纬度的空间进行熟练应用。第四个纬度空间即时间纬度，因为作为景观最最重要的要素——植物，其是有生命的个体，他会随着时间的变化而改变，要把这一重要因素融入到三维的空间中去。

结语：

设计，归根结底是为人服务的。作为设计者、执行者，常怀一颗自我审视之心，体恤作品在形之外的神，是否考虑到了人的使用方便？是否考虑了环保要素和可持续发展？才能更好的在展示小景观的外在之时，把握小景观的精粹，成为真正的景观眼吧！

张孝冈

现任新城地产股份有限公司景观设计总监

庭院景观

庭院是人为化了的自然空间，“人”是景观的使用者，因此在设计中首先考虑使用者的要求，在以坚持人居环境的舒适性为原则的前提下，做好总体布局，在有限的空间创造出符合业主需求的环境，为其提供可居、可憩又易于沟通的庭院空间。

中轴景观

中轴景观，又称中轴线景观，即在一个场地的中心，通过抽象的直线形式将各个独立的景点串联起来的景观效果。

水景

“水，活物也。其形欲深静，欲柔滑，欲汪洋，欲四环。”——郭熙《林泉高致》。自古以来，水景一直被认为是环境景观的中心，挖地造池，池中建岛等多种形式。现在，水景设施在城市广场、公园、住宅、公共建筑周围等地得到广泛建造，成为人们生活和娱乐休闲活动中离不开的元素。

目录

庭院景观

中轴景观

水景

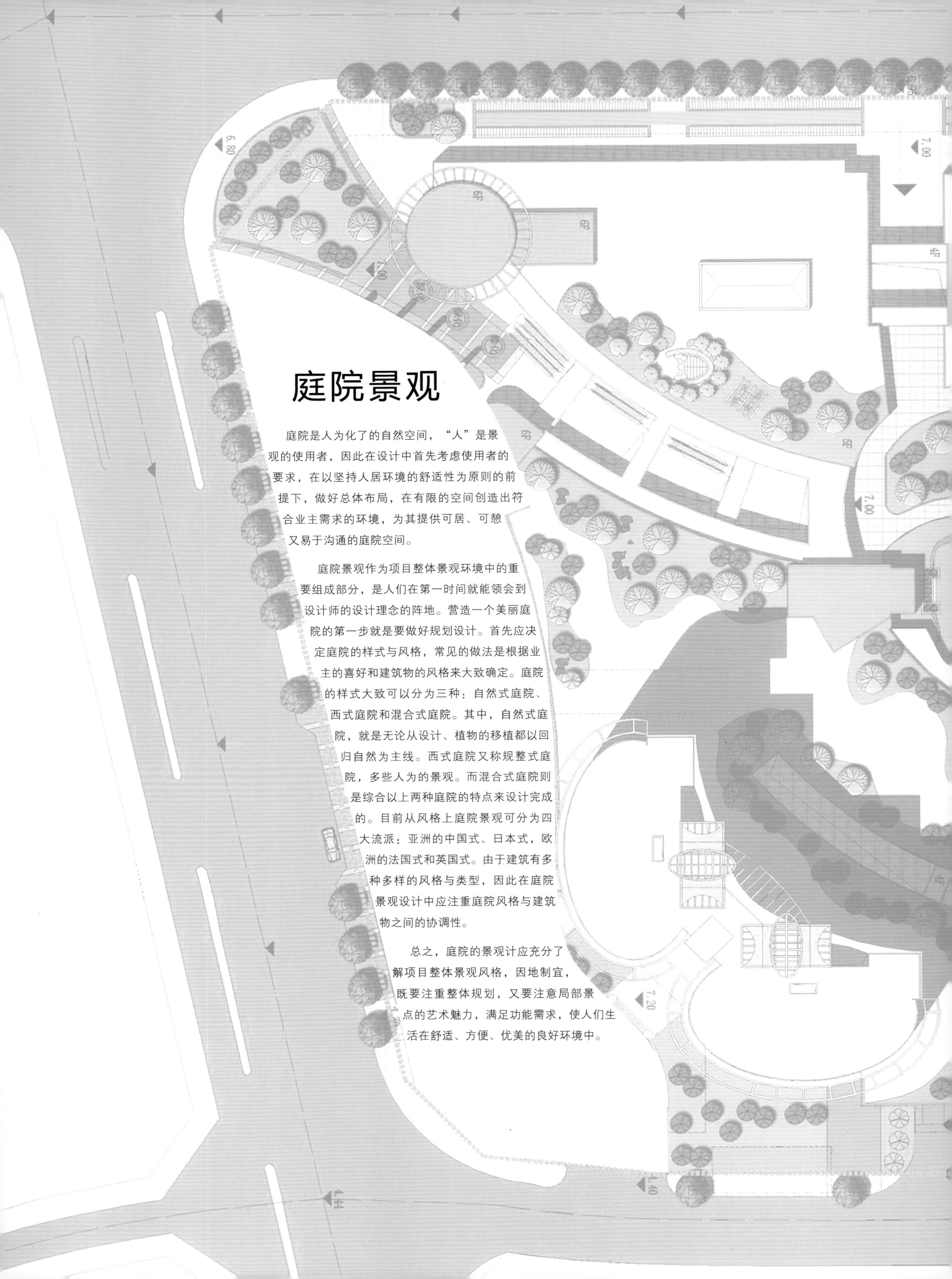

庭院景观

庭院是人为化了的自然空间，“人”是景观的使用者，因此在设计中首先考虑使用者的要求，在以坚持人居环境的舒适性为原则的前提下，做好总体布局，在有限的空间创造出符合业主需求的环境，为其提供可居、可憩又易于沟通的庭院空间。

庭院景观作为项目整体景观环境中的重要组成部分，是人们在第一时间就能领会到设计师的设计理念的阵地。营造一个美丽庭院的第一步就是要做好规划设计。首先应决定庭院的样式与风格，常见的做法是根据业主的喜好和建筑物的风格来大致确定。庭院的样式大致可以分为三种：自然式庭院、西式庭院和混合式庭院。其中，自然式庭院，就是无论从设计、植物的移植都以回归自然为主线。西式庭院又称规整式庭院，多些人为的景观。而混合式庭院则是综合以上两种庭院的特点来设计完成的。目前从风格上庭院景观可分为四大流派：亚洲的中国式、日本式，欧洲的法国式和英国式。由于建筑有多种多样的风格与类型，因此在庭院景观设计中应注重庭院风格与建筑物之间的协调性。

总之，庭院的景观计应充分了解项目整体景观风格，因地制宜，既要注重整体规划，又要注意局部景点的艺术魅力，满足功能需求，使人们生活在舒适、方便、优美的良好环境中。

Hawkins Residence · 住宅庭院

“软硬”景观巧搭配

业　　主：Ralph & Susan Hawkins
项目类型：别墅
项目地点：美国
设计单位：美国SWA集团
采　　编：盛随兵

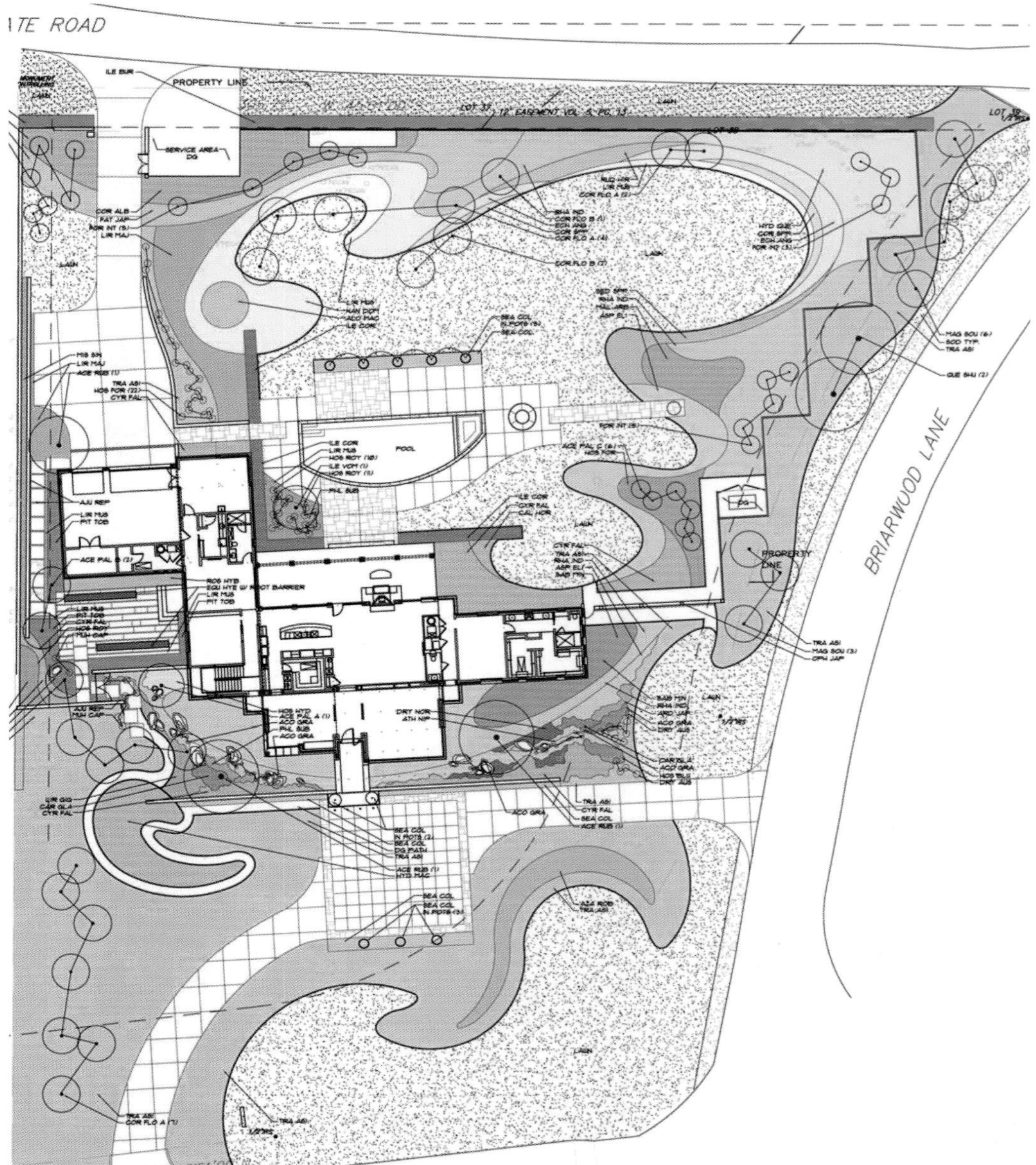

整体景观设计概括：原生环保型

本案占地631.74平方米，结合项目的建筑设计理念，在其景观设计中亦要体现环保性。考虑到建筑的朝向、利用地热作为加热、冷却的能量来源，太阳能遮阳，并结合低压光照系统，将日光照明利用最大化，同时还利用了环保、可再生建筑产品。落地玻璃设计，将室外景观带入了室内，站在室内的任何一处都能看到屋外郁郁葱葱的场景。

庭院景观的设计手法和特点：“软硬”景观巧搭配

庭院是关系家庭生活重要的场所，主人重视庭院个性化和自然的表现，保持现有的自然景观是其景观设计表达中最重要的一部分。

本案中庭院景观作为项目的核心景观，在其设计中以泳池为中心，在泳池旁边设有一个圆形火坑，坑口由两块弧形石板拼接而成。围绕泳池四周以及紧邻建筑边缘的部分，则种有各色植物花草，如栎叶绣球、矮冬青福德、亚洲茉莉、黑眼睛的苏珊、紫松果菊、矮棕榈等。另外在庭院中建筑与草坪的部分衔接处，配有小石子和一些较大的石块作点缀。

通过对软硬景观元素的合理运用，以及植物的高矮和色彩搭配，使项目的庭院景观显得更具有层次感与空间感。

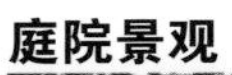

La Casa at Encanterra乡村俱乐部·前庭景观

保持沙漠山地形态

开 发 商： Rilogy by Shea Homes
项目类型： 俱乐部
项目地点： 美国亚利桑那州
设 计 师： Richard Ferrero, RLA, ASLA
采　　编： 张雅林

整体景观设计概括：活力“绿洲”

项目设有约930平方米的遮阳露台、两个活动草坪、一个艺术剧场、运动区等活动场所。核心布局向内折叠，远离其他住宅和外界的干扰。考虑到当地日晒时间长，充分利用其太阳能资源，并把生态型绿色景观融入到沙漠山地中，创造出“最有生命力的俱乐部”。

庭院景观的设计手法和特点：保持沙漠山地形态

庭院的设计有着受地中海气候影响的西南部的精致花园的影子，但更多的是还原当地悠闲的生活方式。中心设置休闲泳池与大量躺椅，供会员尽情放松舒展。在不破坏原有地形特色的基础上，让庭院与周围建筑和自然景观相呼应，使得视野最大化，把开阔的山脉和高尔夫球场尽收眼底。

庭院里的篱笆、草皮、葡萄藤，以及大片的树木和开花灌木，将整个俱乐部围合其中。以丰富明亮的植物色彩增添俱乐部活力，营造出一种让人乐意亲近的大自然氛围。

36460

Sandpiper · 住宅庭院

圆点与发散

项目类型： 住宅
项目地点： 美国亚利桑那州

设计单位： In2it Studio, LLC
设 计 师： Richard J. Ferrero, RLA, ASLA

摄　　影： Dan Campbell 、Richard J. Ferrero
采　　编： 张雅林

整体景观设计概括：室内外一体化

Sandpiper 住宅紧临一片水域，其地块南北走向，且呈缓坡走势。在日照充分的气候条件下，人们经常会在室内、外空间之间不停转换。所以与水体相隔的地块上建造了一个与室内环境连成一体的“水火”概念的后院。这样，地块既得到有效开发，也保留了原始的水景资源。

庭院景观的设计手法和特点：圆点与发散

在庭院的景观设计中，水景坛和火坑这两种“水火不容”的元素以一种现代时尚的相融方式呈现出来，而周边所使用材质则相对粗犷和质朴，形成一种围合之势。通过厚重的砖石材料的运用，突出了水与火的轻盈质感与灵动之美。

水坛的多条轴线从中心点向四周发散，与周边空间进行互动，其圆形造型达到360°的观景效果。水景坛外面围上了一圈光纤照明灯，配上随时变换色彩的彩色轮，营造出全新的动感气氛。

园内呈现出不同材质、绚烂色彩、多种层次的“图形铺装”。其中硬质铺装同样采以竖砌砖和扇形砖相结合的方式，来展现铺装上以水景坛为中心向外辐射的理念。

植物搭配设计在整体上呈现浓厚的本地化特色，采用了一个“渐变性”的植物搭配方案。所需材料主要包括了来自当地的植物和部分耗水量较少的植物，有助于营造一种生机勃勃的沙漠绿洲花园的感觉。

Quaker Smith Point住宅 · 入户庭院

生态化设计

项目类型：别墅
项目地点：美国佛蒙特州
设计单位：H. Keith Wagner Partnership
设 计 师：H. Keith Wagner
采 编：张雅林

整体景观设计概括：原生山湖景观

项目的地块有着独特的原始之美和现代美感，起伏的草甸、小树林、阿迪朗达克山脉和张伯伦湖为该地提供原生自然景观。设计师规划着将现有的地形高差变化和房屋设计相结合，庭院则与周边自然景观融为一体。

庭院景观的设计手法和特点：生态化设计

一条由淡紫色青石板架起的小桥从入户庭院通向前门，桥底装有线性LED灯具照明。夜间，灯光使小桥仿如悬浮在空中，增添了几分轻灵之感。而另一处室外灯光是从露台的混凝土墙上悬垂而下的考顿钢板缝隙中透出来，霎时增加了层次感，同时不锈钢缆线也成为了葡萄藤的攀爬支撑点。

考顿钢的映照池倚在屋前，格局就像张伯伦湖倚靠着阿迪朗达克山脉。流水流过两堵考顿钢墙，最终进入一个大池子，池上有一道文化石板桥，桥上有两个小瀑布，这水景有着收集雨水的功能。马厩上安装的太阳能光伏板既为农舍提供电力，也为水泵供电，使水流循环，营造出宜人的水景视觉和潺潺流水之声。

从当地石场开采的大块文化石板还用于客用停车位的铺装，也作为人工景观向原生自然景观的过渡。房子和露台下方的宽阔空间是草地恢复工程的实验田，在这里试验草种和野花最适合，为自然保护和生态可持续性农业方面起到了对公众的教育作用。

香水湾1号四期·会所庭院

中式院落设计

业　　主：海南香水湾海滨假日酒店有限公司
项目类型：酒店
项目地点：海南陵水
设计单位：北京中外建深圳分公司
设 计 师：郭昊、杨娟娟
采　　编：李忍

整体景观设计概括：园林式度假别墅

香水湾1号四期——高度绿化的热带植物园及高级的私人度假别墅，配以中国园林的曲径通幽，起伏连绵的意境，刚柔并济的形态，体现出强烈的动态美感和时代特征，将会成为享誉国内外的集度假、旅游、休闲于一体的别墅型酒店。

庭院景观的设计手法和特点：中式院落设计

项目充分考虑三亚热带海洋性气候的特点，坚持以院落作为设计的原点并贯穿设计始终。庭院以私家泳池为中心,周边布置休闲躺椅。开敞式的走廊门厅,淡化室内外界限,使内外空间相互贯通，将室内与室外的动线有机连接起来。

通过错落排布创造出变化多样且有活力的室外庭院、屋顶平台等，与内院空间相互联系、相互渗透，传达出古朴的建筑秩序与现代的人居思想相结合的设计理念，以及中国传统文化中内敛与含蓄的内向空间气质。

院子的植物茂密，椰子树、槟榔树、海芒果、野菠萝等热带树种丰富繁多，形成天然的绿色屏障。

龙湖滟澜海岸·入口及前庭

四重立体设计

开 发 商：青岛龙湖置业拓展有限公司
项目类型：住宅
项目地点：山东青岛
设计单位：笛东联合规划设计顾问有限公司
采　　编：张培华

整体景观设计概括：新古典休闲风格

滟澜海岸是西班牙风格和托斯卡纳风格相结合，将西班牙建筑的多元、神秘、奇异的文化特征融合于托斯卡纳暖暖阳光的原色中。整体景观旨在打造溪泉花海·林间庭院的主题，并通过对装饰小品及植物造景的设计，展现一个尊贵典雅的新古典主义休闲社区。

庭院景观的设计手法和特点：四重立体设计

在庭院空间的设计上，四户的私家庭院相互独立，而且形式多样化：南北庭院、侧向庭院、下沉阳光庭院、空中庭院，形成四重立体庭院。同时每一户均能到达公共庭院，可与邻居品茶、聊天。彼此之间互动交流、嬉戏玩乐的空间设置，是别墅“和居”精神的重要体现。

廊道的巧妙布局丰富了休憩空间，调和出热情奔放的内涵与外延，让视觉拥有更多层次的景观享受。庭院采取了五重园林、成品移植、四季异景等特殊的造园技法，尽可能地采用多样化苗木，目前花木树种已多达100多种、2 000余株，其中不乏珍稀花木：银杏、雪松、白蜡、元宝枫、红叶石楠、鼠尾草等等，不仅为居住者营造了完美的园区，也为当地留下了珍贵的植物资源。

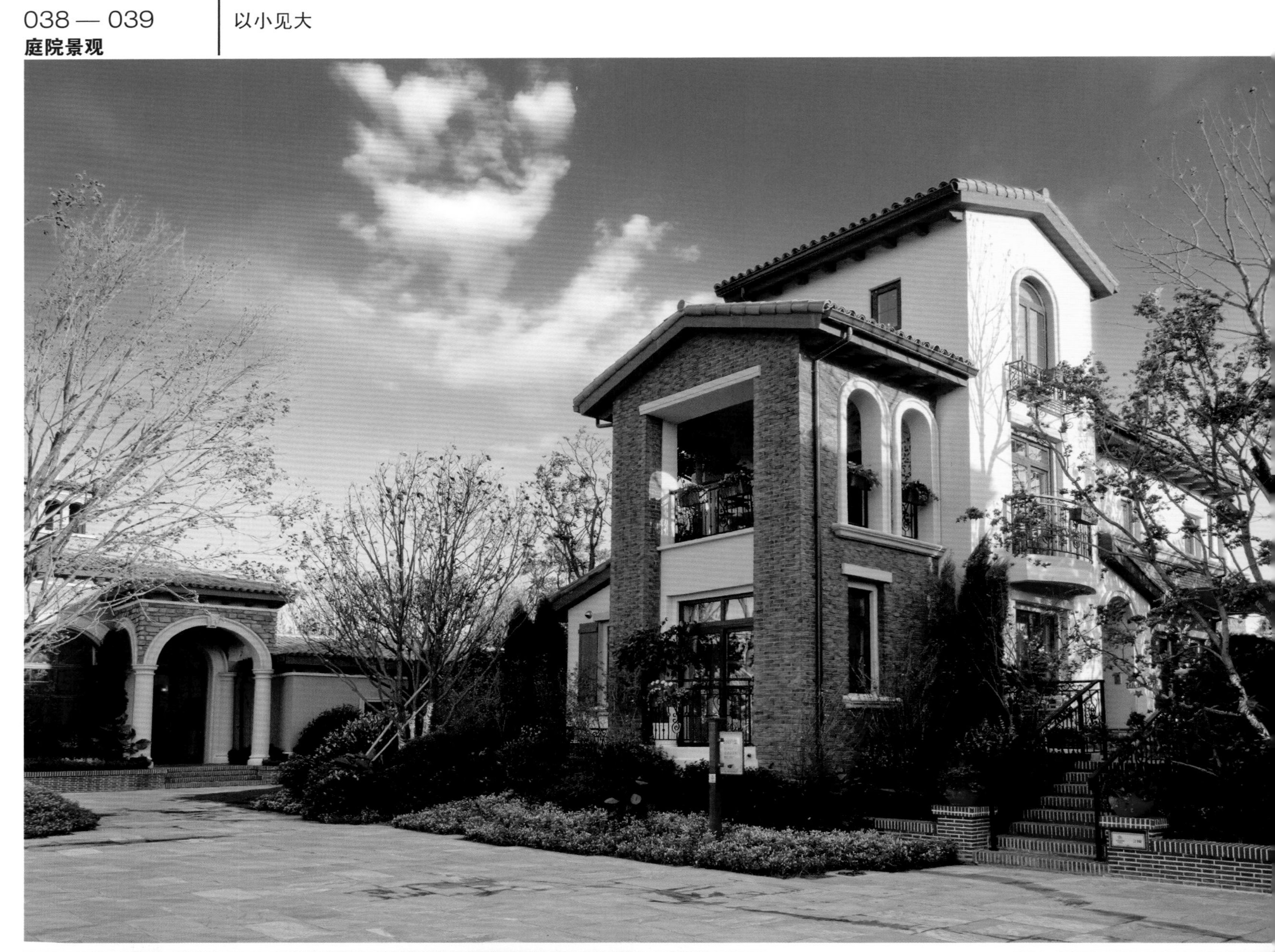

长泰淀湖观园 · 售楼处庭院

三进式花园设计

开 发 商：长甲地产控股有限公司
项目类型：别墅
项目地点：上海
设计单位：美国The collaborative west 公司、析乘（上海）景观设计咨询有限公司
设 计 师：陈滨
采　　编：盛随兵

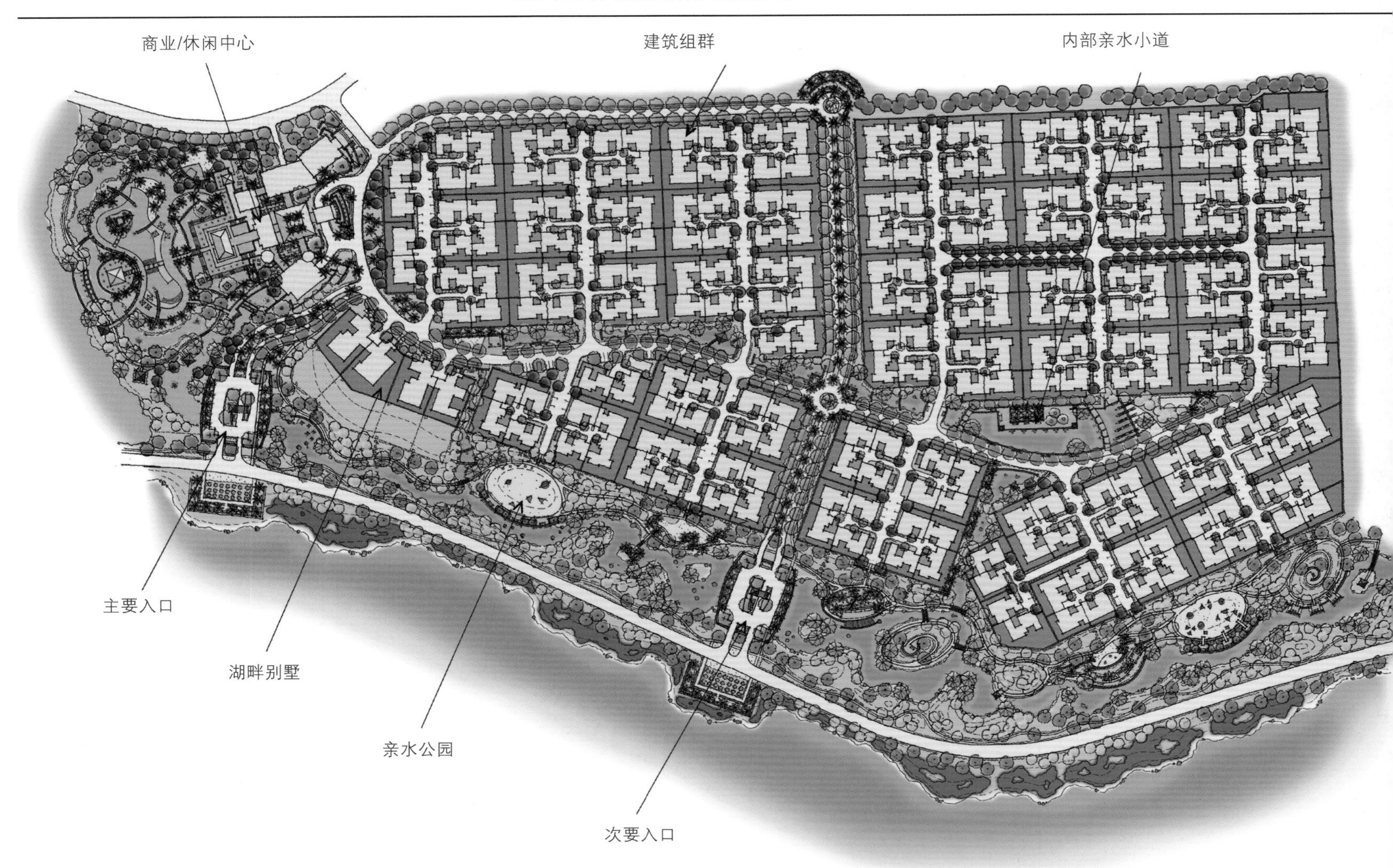

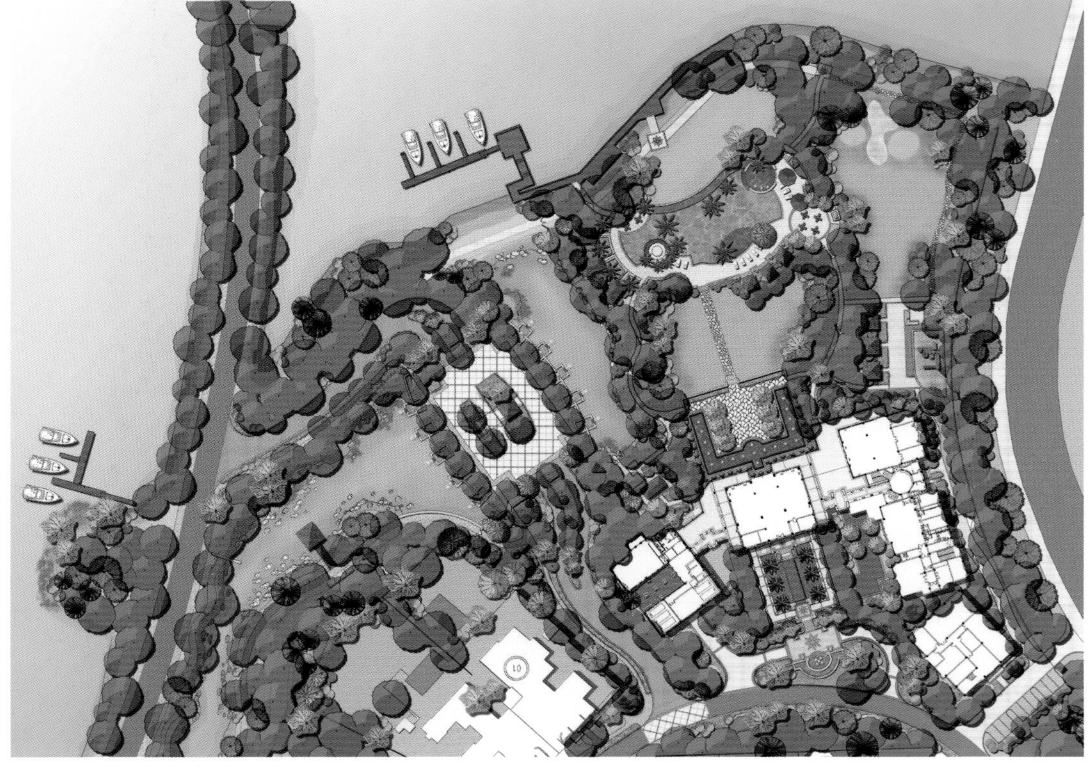

整体景观设计概括：精致休闲的景观环境

长泰淀湖观园总用地和总建筑面积都为25.5万平方米，以分享型独栋别墅、滨湖双拼别墅为主，旨在创造舒适、悠闲、浪漫的栖居之所。

根据整体规划和建筑形态，景观设计围绕整体风格的方向，旨在营造具有感染力的休闲度假氛围，着力塑造情趣化、互动性强的景观空间，同时通过空间的布局，充分考量私家院落的私密性。运用精心修饰、用心雕琢的景观手法，创造一种融入自然的精致休闲空间。

庭院景观的设计手法和特点：三进式花园设计

在庭院景观设计中，项目采取三进式花园设计，每户独拥三个实用花园，使户内与户外、花园与房间实现良好互动，景观设计时赋予每个空间不同而丰富的功能。

第一进是入户庭院。采用多级台阶的台地方式，形成具有一定高差的地下、地上庭院空间，使得室外、半室外、室内空间形成有趣的互动。

第二进是室外客厅。室外聚会、休闲的场所，与客厅、餐厅形成良好互动；室外客厅邻近餐厅布置，配置有烧烤炉，与朋友聚餐时，室内外餐厅可以连成一个空间使用。

第三进是室外SPA。庭院空间面积大，每户选装配置室外游泳池和SPA池，精装配置室外烧烤餐饮区，以及功能休憩区域。

选用精致的室外家居，丰富庭院的居家感。采用国内一线品牌“玫瑰”牌云状、金线系列马赛克，通过精致的图案、混贴设计，使泳池、水池、SPA池的居家情趣浓厚。

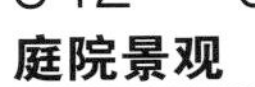

上海君庭6号别墅·中心庭院

规则式布局

项目类型：别墅
项目地点：上海
设计单位：上海地尔景观设计有限公司
设 计 师：李健
采　　编：盛随兵

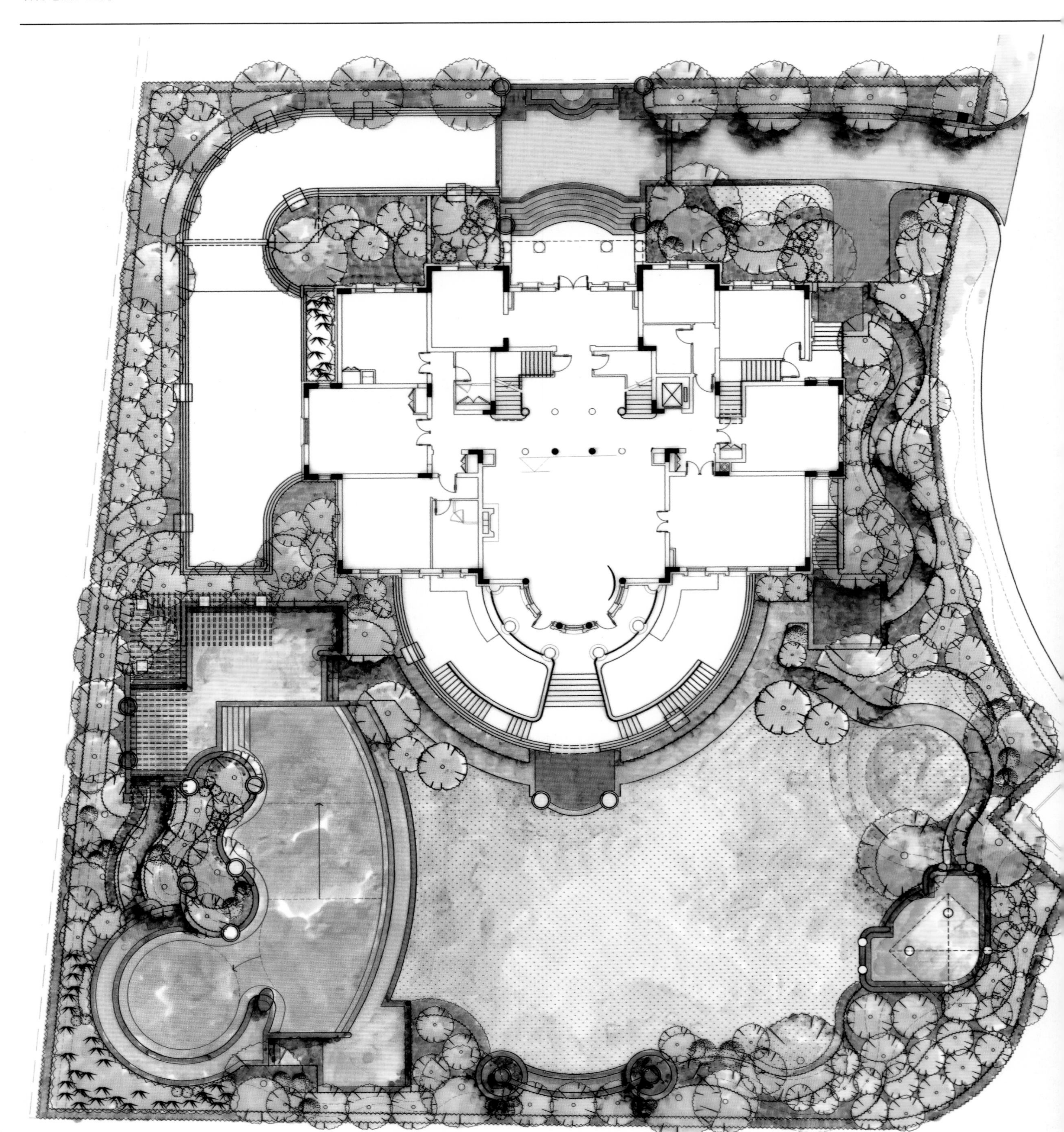

整体景观设计概括：崇善自然的欧式景观

上海君庭别墅位于上海浦东东郊别墅圈板块，龙东大道北侧。社区共有21套独栋别墅，平均每套别墅占地达3 000多平方米，户型面积在1 300-1 400平方米之间。项目在景观设计中除了体现欧洲风情文化之外，更注重人与自然的融合，以起伏开阔的草地、自然曲折的湖岸、自然生长的树木为要素构成了新的景观环境，其中水、常绿植物和柱廊都是重要的造园要素。

中心庭院景观的设计手法和特点：规则式布局

本案为君庭6号别墅中私家花园的景观改造。配合欧式风格的建筑，庭院景观定位为具有西方园林特点的西式庭院。

庭院中心以一席草坪为主，给家庭娱乐休闲提供了独立而开阔的场所。

庭院左侧设置了一个圆形小广场，掩映在密林之中的广场上，放置的白色帐篷为业主提供了幽静的私密空间。

庭院右侧是在原有方形泳池基础上改造的，设计师打破了原有单调的生硬形状，一侧仍以直线收边，并利用这路笔直雕刻以优雅的线条与花饰，为泳池营造无边界的水域，使蔚蓝的水与碧绿的草无缝连接，同时这无边界的跌水又为庭院增加了一处通透的小瀑布景观。而泳池的另一侧采用流畅的弧线为边界，水池的曲度与建筑的棱角形成强烈的视觉冲击，给人以震撼力。为增加泳池的私密性，隔开庭院外的噪音，泳池周边的木栈板上设置了一组花架与景墙，精美的欧式圆柱与置于其上的深褐色菠萝格木格栅，再与作为背景的白色欧式景墙组合在一起，尽显高雅与奢华。

杭州山湖印别墅·前庭后院及侧院

三院合一

开 发 商： 莱茵达置业集团
项目类型： 别墅
项目地点： 杭州
设计单位： 澳斯派克（北京）景观规划设计有限公司
设 计 师： 李伦、黄姝、何娅娅、史建亮等
采　　编： 张培华

整体景观设计概括：坡地式主题园林景观

本案的景观设计在以小见大、精雕细刻的定位下，在均质的空间中营造开合有致的变化创造独特景观区域。充分利用山地落差的自然优势，创造坡地、台地立体景观空间；创新性地设计出景观层次中的多重平面。

遵循“建筑尊重自然”的原则，建筑组团依山就势，临溪而建，充分发挥山地优势。针对建筑组团的不同特色，制定了五个景观设计主题，北美园、日本园、欧洲园、东南亚园、自然园。根据各个组团间设计主题的变化，融合不同主题的特色景观元素，演绎出独特的自然与人文特色。

庭院景观的设计手法和特点：三院合一

作为五大景观主题之一的自然园，在自然环境的基底下，结合建筑特色，加入自然景观元素，打造生态、惬意的湖景森林别墅庭院。

前院形象区，在入口区域营造尊贵的氛围，且该区域主要以观秋色叶及秋果为主。后院活动区域主要分为动静两个部分。泳池周边主要采用规则式种植，并在院墙边栽有修建成篱的常绿树种，和大片的草坪搭配，营造私密静谧氛围。临水的植物群落由开花植物群落和彩叶植物群落组成。侧院休闲区主要由低矮的灌木及丰富的地被植物组成。并主要以芳香类植物为主，如薰衣草、百里香、栀子花等。

为体现坡地、台地园林特色，将山地园林作为背景景观，在庭院设计中点出水景元素，展现具有不同异域特色的立体景观。每个别墅院落以低矮围墙配合植物群做围合，既保证居家的私密性，又和自然景观融为一体。

正荣润城·住宅中心庭院

开合转折

开 发 商：福建正荣集团
项目类型：住宅
项目地点：福建福州
设计单位：普梵思洛（亚洲）景观规划设计事务所
采 编：李忍

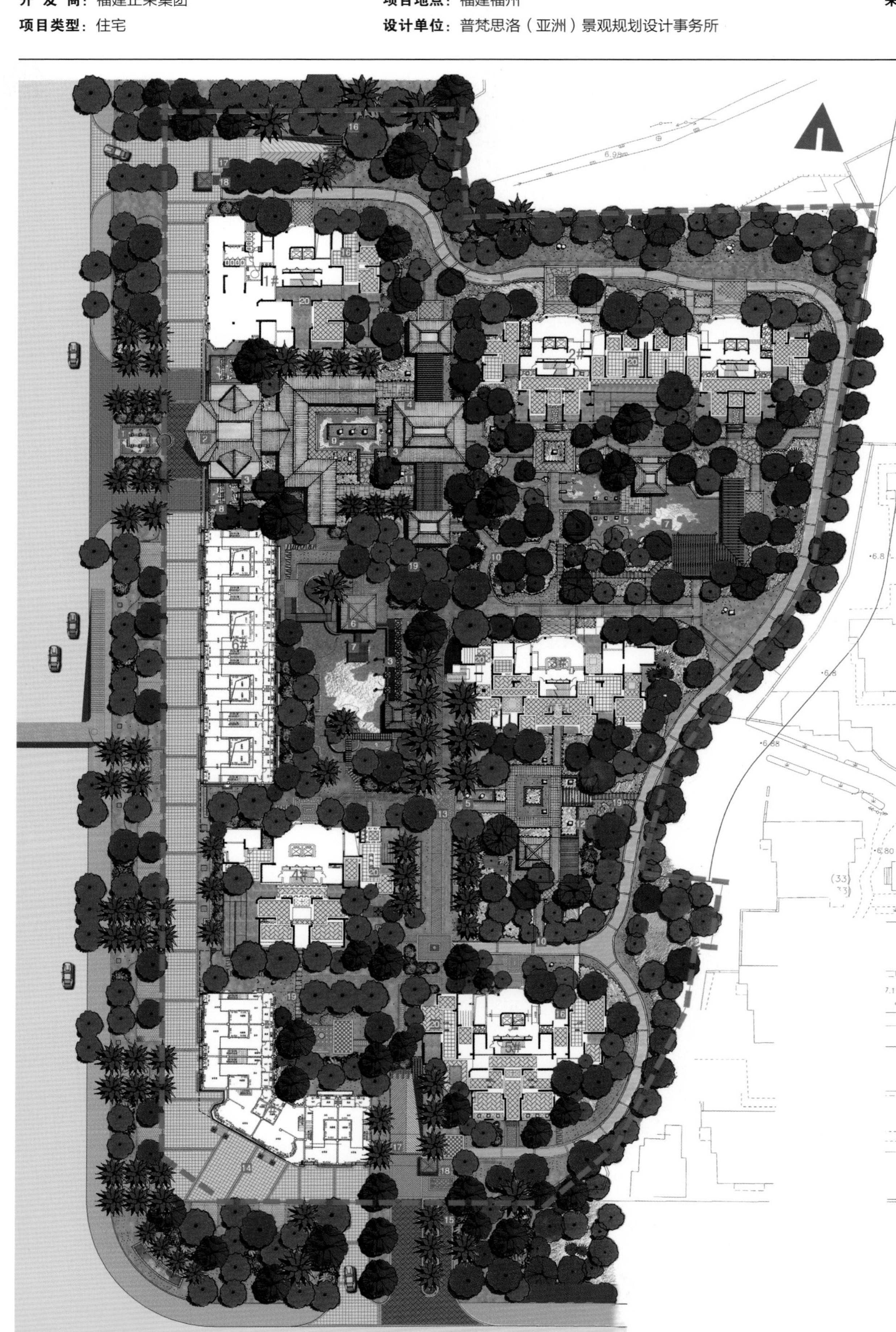

1 主入口种植池
2 主入口泰式廊架
3 喷水
4 景观构架廊架
5 水中特色小品
6 休闲景观亭
7 特色景观水体
8 跌水景观
9 水边绿化种植
10 园区步道
11 特色景观雕塑
12 浮雕景墙
13 特色铺装
14 线性波打铺装
15 高杆棕榈序列空间
16 非机动车停车空间
17 地下车库出入口
18 保安亭
19 汀步铺装
20 架空层空间

整体景观设计概括：泰式风情景观

正荣润城是目前福州首个全地形“纯泰式”景观项目，延伸出“低层有园，高层望景”的景致。泰式的廊架、热带的植被、水中特色景观，展现纯正泰式风范，尽显中心居住优越品味。景观设计主打泰式风情园林，以浓郁泰式风情营造出与众不同的内环境，柔化建筑线条及压迫感，创造适合人居尺度的空间。

庭院景观的设计手法和特点：开合转折

本项目以开合转折的设计手法，营造出泰式韵味十足的庭院景观，浓郁热带植被构筑的泰式亭廊、精致瑰丽的雕塑小品、清新明爽的特色水景，移步换景的庭院成了一道别出心裁的生活景观。景观细节之间处处渗透着泰式韵味，体现出“小中有景，景中有别”的特色，营造出品质感十足的庭院空间。

庭院的构筑物形态特征鲜明，具有明显的泰式文化符号。庭院采用了小石雕、木雕、小陶罐、石雕水钵等景观小品，结合特色的木雕镂空草坪灯、泰式挂饰（如竹帘、挂件）进行装饰，突出了泰式庭院的精致瑰丽风格。

庭院的硬景色彩饱满，以暖色系石材和木材营造饱满热烈的东南亚基调，搭配青灰色系卵石，达成色彩上的对比和层次上的丰富；软景强调植物搭配的多样性，层次丰富，形态优美，利用热带花卉或者时花点缀艳丽浓郁的色彩，空间围合感强，色彩动人，营造出神秘而奢华、极富韵味的泰式异域风情。

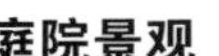

中国海事

正荣御品兰湾·住宅中心庭院

一院三庭

开 发 商：福建正荣集团
项目类型：住宅
项目地点：福建莆田
设计单位：普梵思洛景观（亚洲）景观规划设计事务所
采　　编：李忍

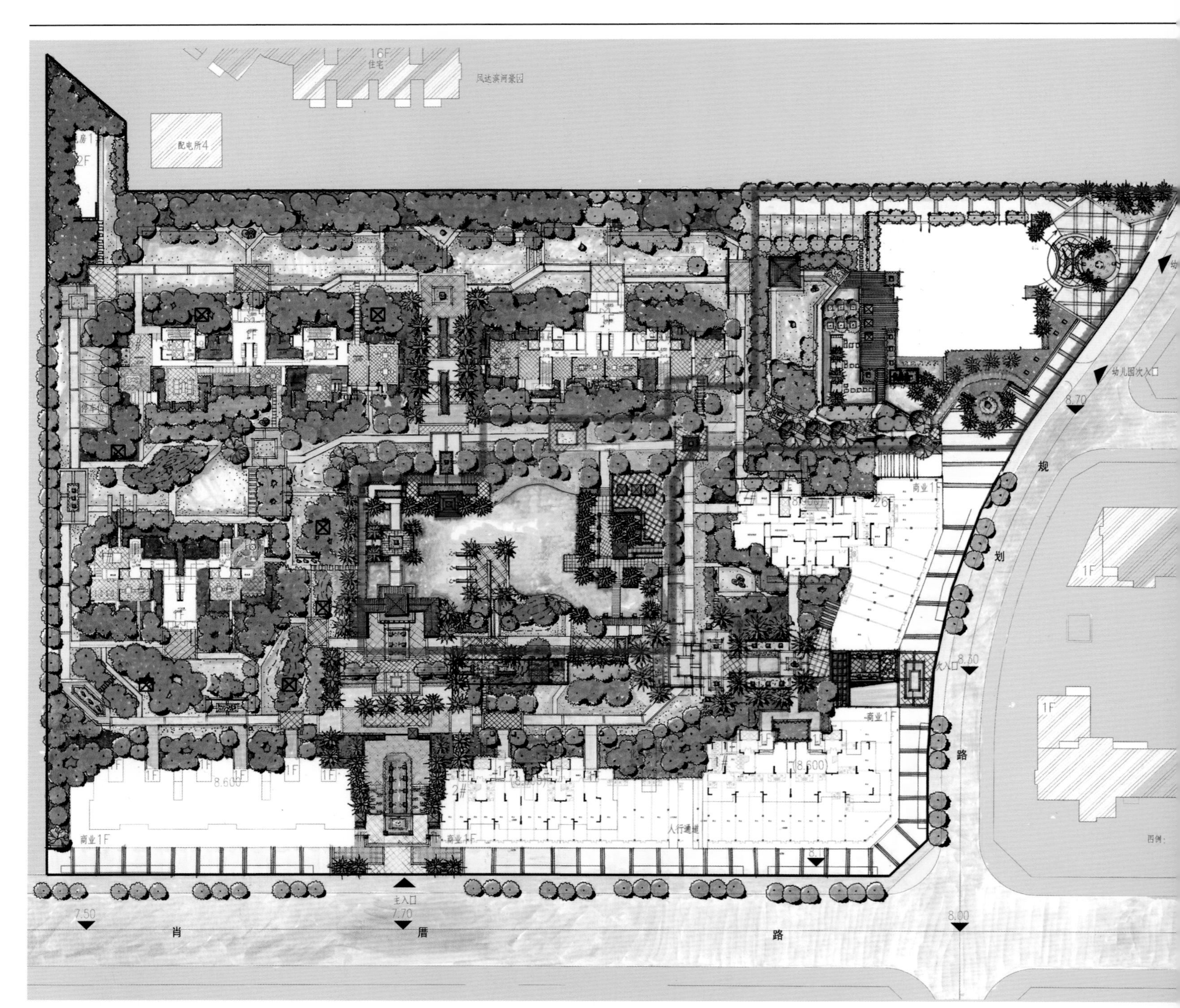

整体景观设计概括：东南亚风格景观

项目采用新古典建筑风格，突出建筑色彩及体量，体现典雅高贵的特色和风格。整个景观主题构思以东南亚风情园林为蓝本，将纯粹的普吉岛风情、芭堤岛风情以及泰国的苏美岛风情原味演绎，体现瑰丽饱满的异域风采。

庭院景观的设计手法和特点：一院三庭

芭堤雅境——最迷人的中心庭院景观，由四条围绕着中央水景的小径组成，错落有致，移步异景，是层次丰富的中心景观区域。

苏美香域——宁静休闲的庭院景观，景色宜人，环境优美大气，让人身心放松的人居环境。

香吉境园——展示异域风情的庭院景观，奢华、精致、气派。

庭院的构筑物形态特征鲜明，具有明显的泰式文化符号。硬质铺装选用黄锈石、透水砖、砂岩、黑色雨花石等材料为主，点缀石雕花钵、流水钵、特色小石雕、组合陶罐等小品，色彩暗沉的自然材料配合鸡蛋花、旅人蕉、海芋、鹤望兰、春羽、香林等色彩艳丽浓郁的植物，多样泰式元素原装移植并合理搭配，以地道东南亚风情韵味营造庭院悠闲氛围。

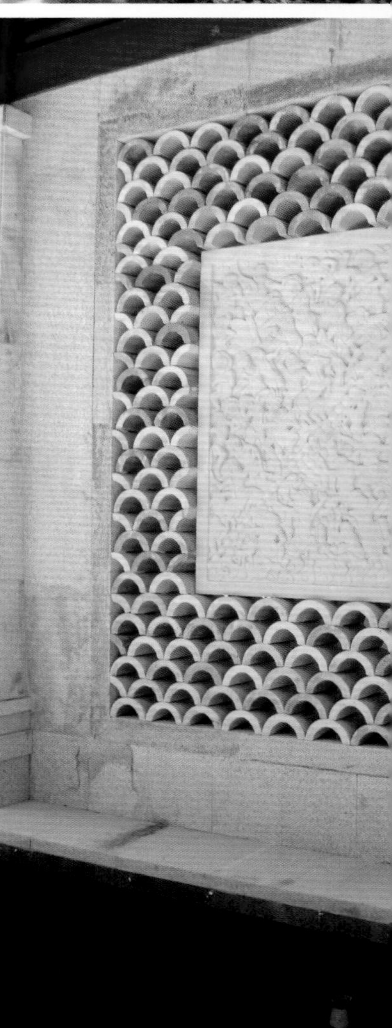

Quattro by Sansiri · 天台花园

矩形设计

开 发 商：Sansiri
项目类型：公寓
项目地点：泰国曼谷
设计单位：TROP Company Limited
设 计 师：International ASLA和Chonfun Atichat
采 编：张雅林

整体景观设计概括：原生态自然环境

本案为曼谷市中心一个住宅项目，其主要景观设计理念是尊重现有的“居民”，指现有的大型老雨树和“小居民”（指松鼠和鸟类），并且鼓励新入住的居民与自然和谐相处。因此，设计的主旨是在保护现有结构——巨大的雨树和一些野生动植物的前提下进行建设，使居民与大自然中的元素亲密接触。在整个设计过程中，设计师将雨树作为整个工作的中心，花园的建造将进一步装饰这些树木。

在保持原生态自然环境下，项目采用现代景观造园手法，运用简洁的线条设计，通过色彩、光照和形状来塑造景观造型。

天台花园景观的设计手法和特点：矩形设计

本案的核心景观为两座塔楼顶部的两个天台花园，所有景观元素均从长方形演化而来。

A塔楼的天台花园设有泳池，泳池平台设在了停车场结构的上方。由于屋顶空间的限制，此处的天台花园并没有太多的绿色空间。设计师没有选择在泳池四周种上绿化带，而是精挑细选了两株特别的鸡蛋花树种在池边。树的枝叶往池面探出，减少池水对阳光的反射对周边公寓的影响。

B塔楼较接近主花园，在此处的天台花园建造了一个派对露台，可以举行各种活动。采用和塔楼A的天台花园同样的降温手法，派对露台被分成了两个采用硬质铺装的区域，两个区域中间是一个映照池。露台上种上了曼谷的当地树种，印度橡树和白花海芒果，帮助调节小气候，因此，尽管曼谷的气候非常热，有了树荫的遮挡，露台都可以全天候举办活动。

龙湖弗莱明戈·会所及住宅庭院

以软质景观为主

开 发 商：成都西祥置业有限公司
项目类型：住宅
项目地点：四川成都
设计单位：笛东联合规划设计顾问有限公司
采　　编：张培华

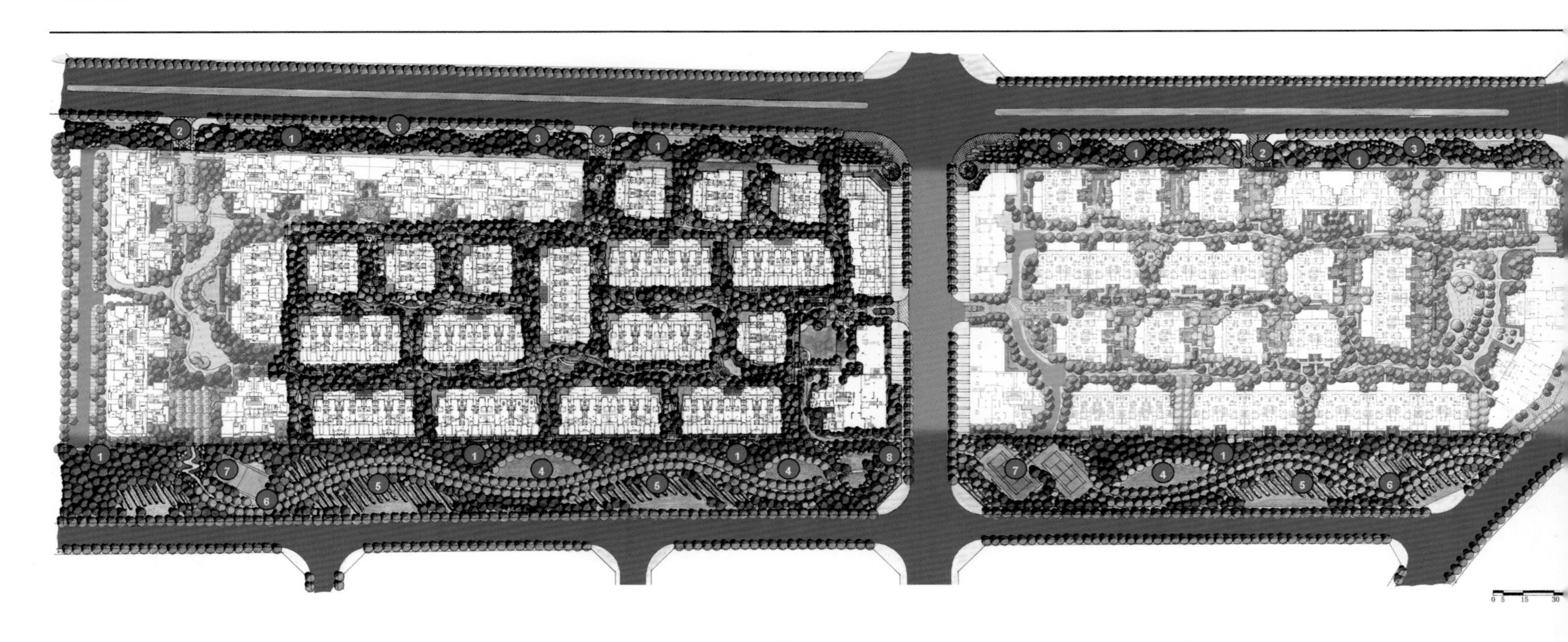

1 坡地种植
2 小区入口
3 陶罐组合
4 景观草坪
5 条带种植
6 休闲步道
7 活动球场
8 绿化带入口场地

整体景观设计概括：西班牙风情

弗莱明戈建筑规划密度较高，以“西班牙坡地小镇”为概念。整体景观设计风格与建筑风格和谐统一，打造异域风情浓厚的休闲社区。总体以软质自然景观为主，多种景观形式并存，营造宁静、悠然的生活氛围。

庭院景观的设计手法和特点：以软质景观为主

庭院采用以小见大的方式，通过应用多重植物、景观小品及铺装面材等蕴含西班牙特色的元素，表达异域风情的主题。

植物造景根据适地适树的原则，主要选择当地的速生、乡土植物，同时也适当选择成都地区罕见的、观赏性强的树种。乔、灌、花草的合理搭配，创造了庭院优美的四季景观，也让住户享有广阔的绿色空间。

景观小品设施与环境功能紧密结合，在提供优美的视觉同时，突出了场所精神。偌大的游泳池增添庭院的灵动性以外还为人们提供休闲娱乐的场所；座椅突出了舒适性及相应的艺术性；构架则根据经典的模数从尺寸出发，以人的感受为基本原则结合爬藤植物的搭配，形成美观的立面。标识及小品做到风格统一，达到功能与美学的完美融合。

CAUTION
WETFLOOR
小心地滑

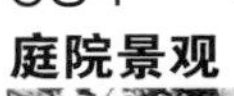

8-2

Drs. Julian and Raye Richardson公寓·室外中庭

简约环保

开 发 商： Community Housing Partnership and Mercy Housing
项目类型： 公寓
项目地点： 美国旧金山
设计单位： Andrea Cochran Landscape Architecture, San Francisco
采　　编： 张雅林

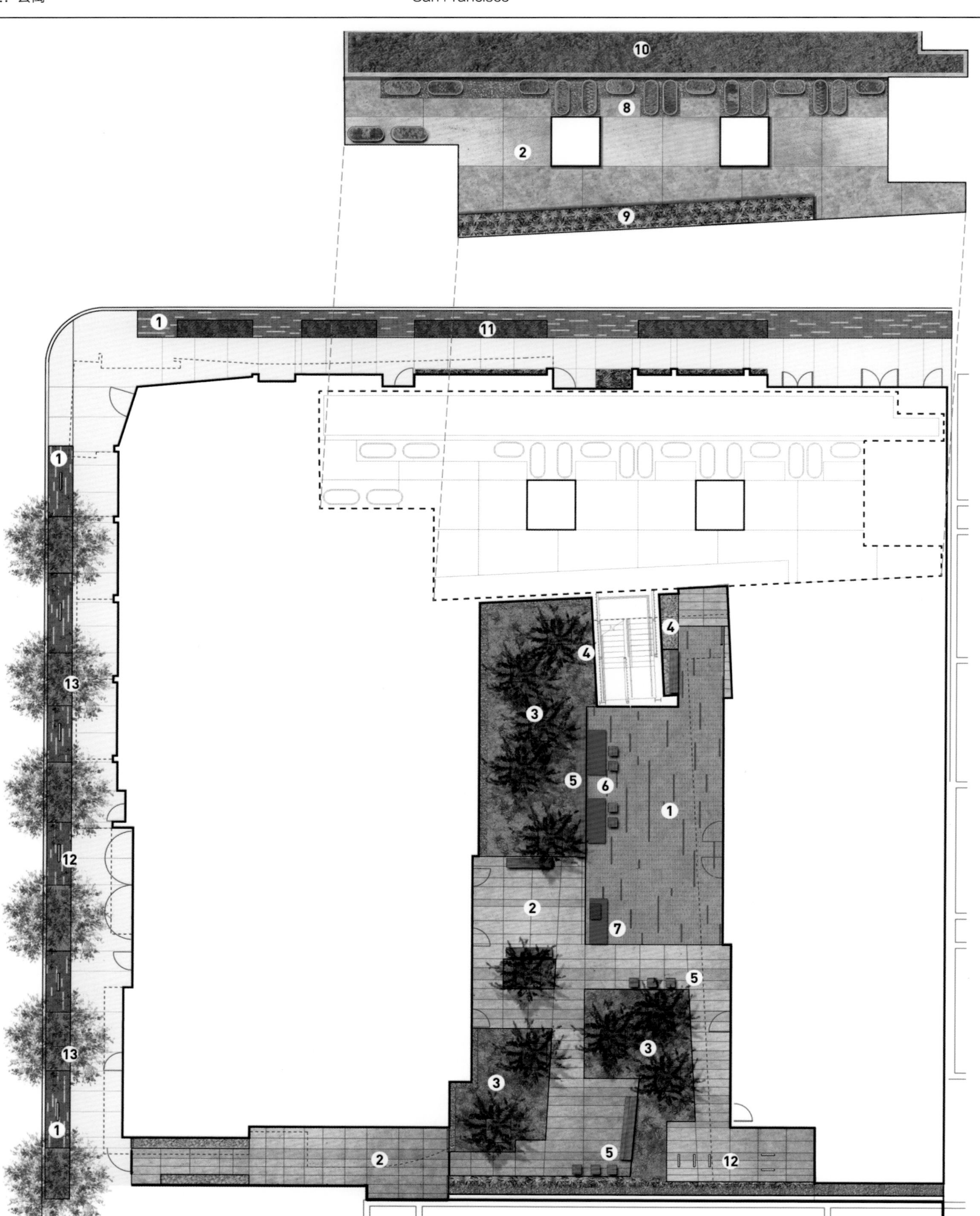

整体景观设计概括：简约怡人

该公寓以创立首家美国黑人书店的Drs. Julian 和Raye Richardson来命名，旨在为一些无家可归的居民提供一个温暖的临时住所。其景观设计包括了临街面、中央庭院还有屋顶平台，皆配有特别设计的附属设施。

中庭景观的设计手法和特点：简约环保

中庭是这个公寓的中心，旨在为人们提供了一个远离喧嚣街面的平静港湾。庭院设施以本地材质为主，包括桌子、固定式BBQ烤炉，还有用来制作长椅和木块椅子的大果柏木是从市区回收而来，木头经过烘干和装配，在表面涂上低挥发性的密封胶，变得优雅、舒适、耐用。人们可以在这里举行公共聚会或小型的私人聚会。

庭院里铺设有一圈黑色玄武岩碎石，铺装块之间设有隔板装置，引导雨水渗入碎石蓄水池。居住在此的居民，约有三分之一需要坐轮椅，所以院中处处充满为轮椅人士的贴心考虑，比如可方便收起的悬臂式桌子、长椅周围的通行空间等。

庭院中的扇叶棕榈能适应狭小的垂直空间，同时与南墙壁画相互辉映。大块的狗脊羊齿科植物、日本彩绘蕨类、西洋剑蕨和酢浆草等植物生命力顽强，维护成本低，能适应极阳和极阴的环境。茂盛的蕨类植物为庭院营造出一个茂密的绿洲。

Roof Deck
Counseling Rooms
COURTYARD
Community Room
Permeable Pavers with Retention Basin Below
Plant Bed
Plant Bed
STORMWATER RETENTION
STORMWATER INFILTRATION
STORMWATER RETENTION
STORMWATER INFILTRATION

万科蓝山·售楼处庭院

三重院落

开 发 商：北京万科企业有限公司
项目类型：公寓
项目地点：北京市
设计单位：北京麦田景观设计事务所
设 计 师：纪刚、田丽、任忠、曹帆、黄乐红
采 编：张培华

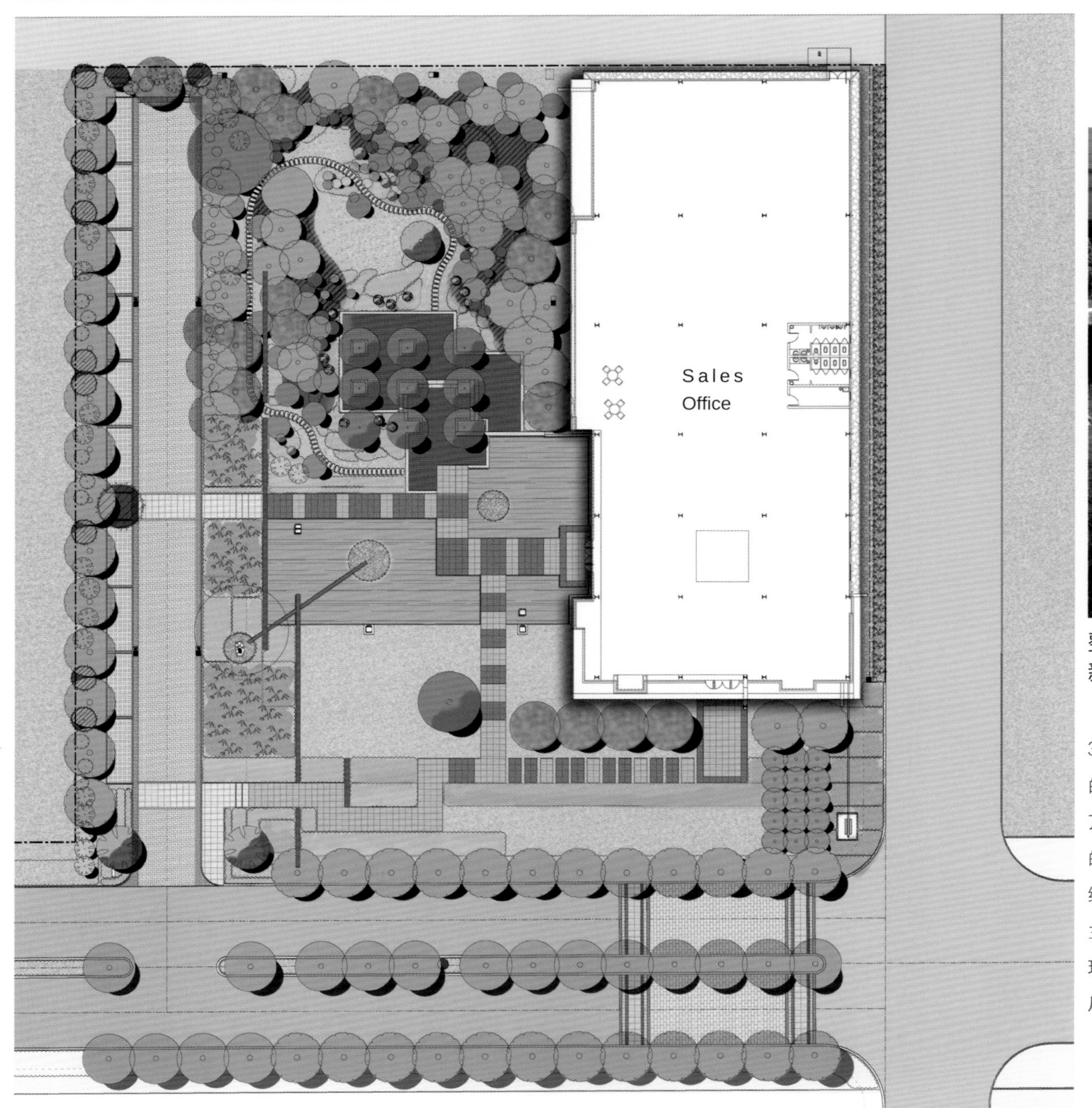

整体景观设计概括：新东方主义简约奢华风格

万科蓝山坐拥北京CBD商圈核心区，内有3万平方米中央台地景观园林，却以低调奢华的艺术馆气质在浓厚的商业氛围中特立独行。万科蓝山地块为原北京化机厂，设计中将原厂的机械设备作为景观元素融入园区之中，将传统东方文化和现代艺术有机结合，品味新东方主义园林内敛与现代艺术简约个性的融合，呈现出具备双重审美情趣的新东方主义简约奢华风格。

庭院景观的设计手法和特点：三重院落

庭院延续整体新东方主义简约奢华的风格定位，营建三重院落，打造繁华都市中的“世外桃源”之地。

玻璃艺术品般的框架结构门开启第一重院落空间：60米长的流水景墙、几何切割的朱红色铜门和灰色砖墙，仿佛都经过岁月雕琢所留下的痕迹，是历史陈述与个性张扬的共存空间。

穿过一重院落，清浅灵动的水面映入眼帘，水中艺术品静静聆听着池中清泉跌落，纯净之美在不经意间衍生。二重院落通过景墙、种植、铺装形式的变化，丰富了空间形式，区分了空间功能，使庭院更具连通性。

自然清幽的三重院落营造艺术花园空间，蜿蜒曲路盘卧于自然的密植之中，全园景观至高点结合多层次种植搭配，将这片城市中的自然之地隐于世外。

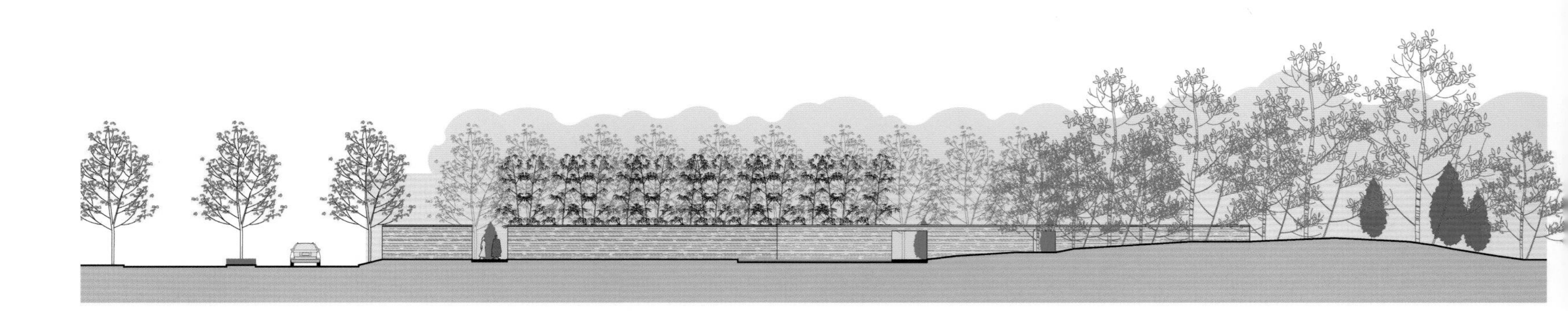

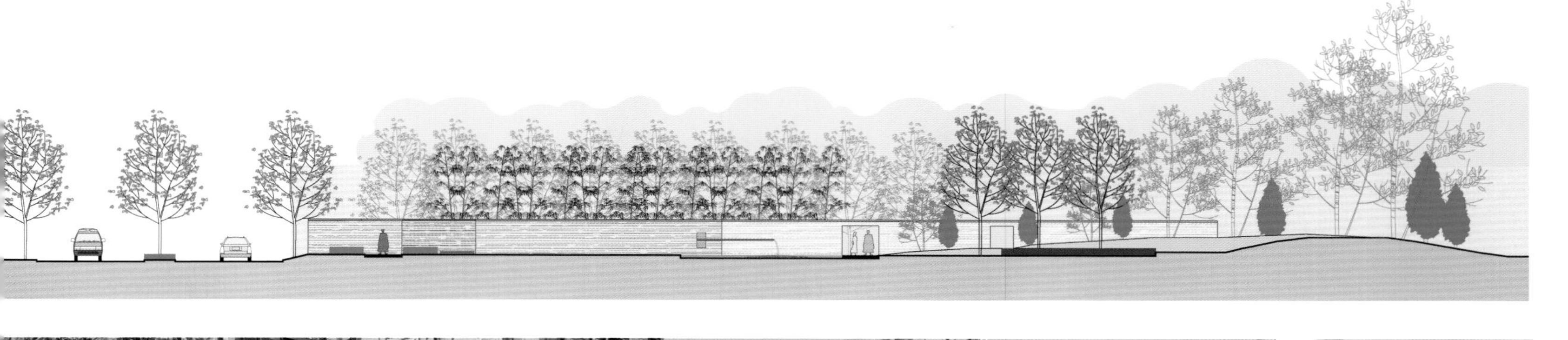

保利东郡·前庭后院

中式围合设计

开 发 商：保利（北京）房地产开发有限公司
项目类型：公寓
项目地点：北京
设计单位：奥雅设计集团
采　　编：盛随兵

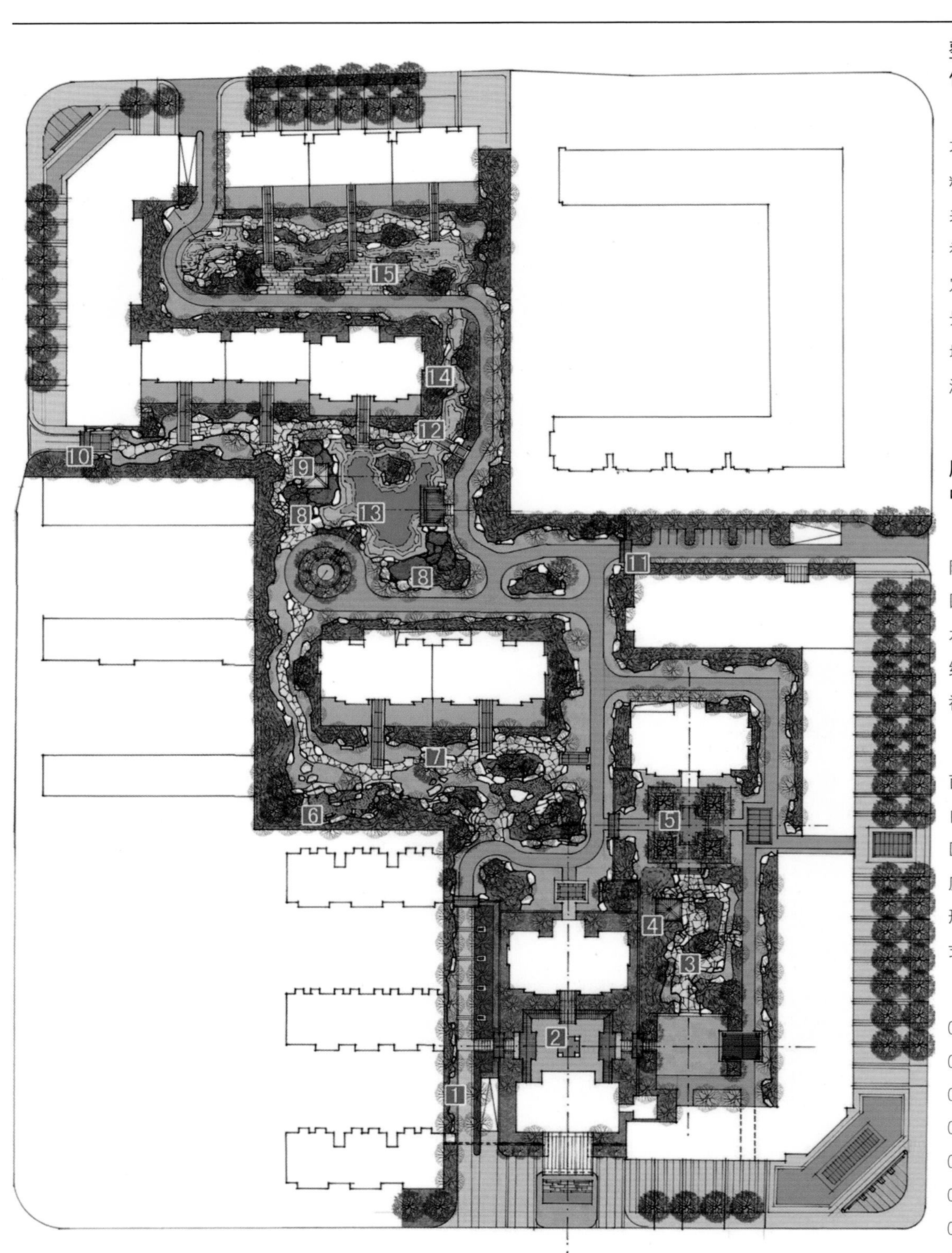

整体景观设计概括：
传统中式人文景观

本案从地域历史和保利文化出发，在环境营造不单单满足人的观赏性，更多的是表达人更高层次精神诉求，因此项目的景观定位为“空、灵、静”，表现了一种中国人特有的文化内涵，在儒学、理学、禅学、哲学下的一种伦理、秩序和逻辑。脱俗的景定位同时强调了社区的仪式感、品质感和尊贵感。景观设计中，通过采用“围合”和“造园”的手增强项目的内向性，将其打造成都市中的“世外源”。

庭院景观的设计手法和特点：
中式围合设计

项目内部的造园手法沿用中国传统的“前庭院”形式。前庭凸显伦理、秩序和逻辑，后院以地围合形成以山龙之稳健与水龙之灵动的双龙戏珠的水之势，使人身在园内有幽居山谷的感觉。在人文结合中国传统儒学、哲学和禅学，营造大隐隐于市祥和意境。

庭院空间随建筑布局的不同而因地制宜。东面建筑密度高且形态规整；西北面建筑密度低且空自由。因此在本案设计中，将基地东南区块定位为区的前庭，将基地西北区块定位为社区的后院。“庭”空间形态较规整，有明确的中轴。“后院”空形态较自由，在设计手法上采用自然的掇山理水式，以景观弱化建筑所带来的人工气息。

01.林荫道——“清晨入古寺”
02.会所
03.绚秋林——“初日照高林”
04.木亭
05.静明庭——“禅房花木深”
06.健身场地
07.山石苑——“山光悦鸟性”
08.日式修剪灌木群
09.金亭
10.东入口大门
11.西入口大门
12.平桥
13.龙潭——“潭影空人心”
14.叠云溪
15.龙吟庭——“惟闻钟磬声”

保利石佛营中心会所

保利石佛营

保利·东郡

宝能太古城·入户庭院

由点及面

开 发 商：宝能集团
项目类型：综合体
项目地点：深圳
设计单位：深圳市赛瑞景观工程设计有限公司
设 计 师：邹炯、丁炯等
采　　编：李忍

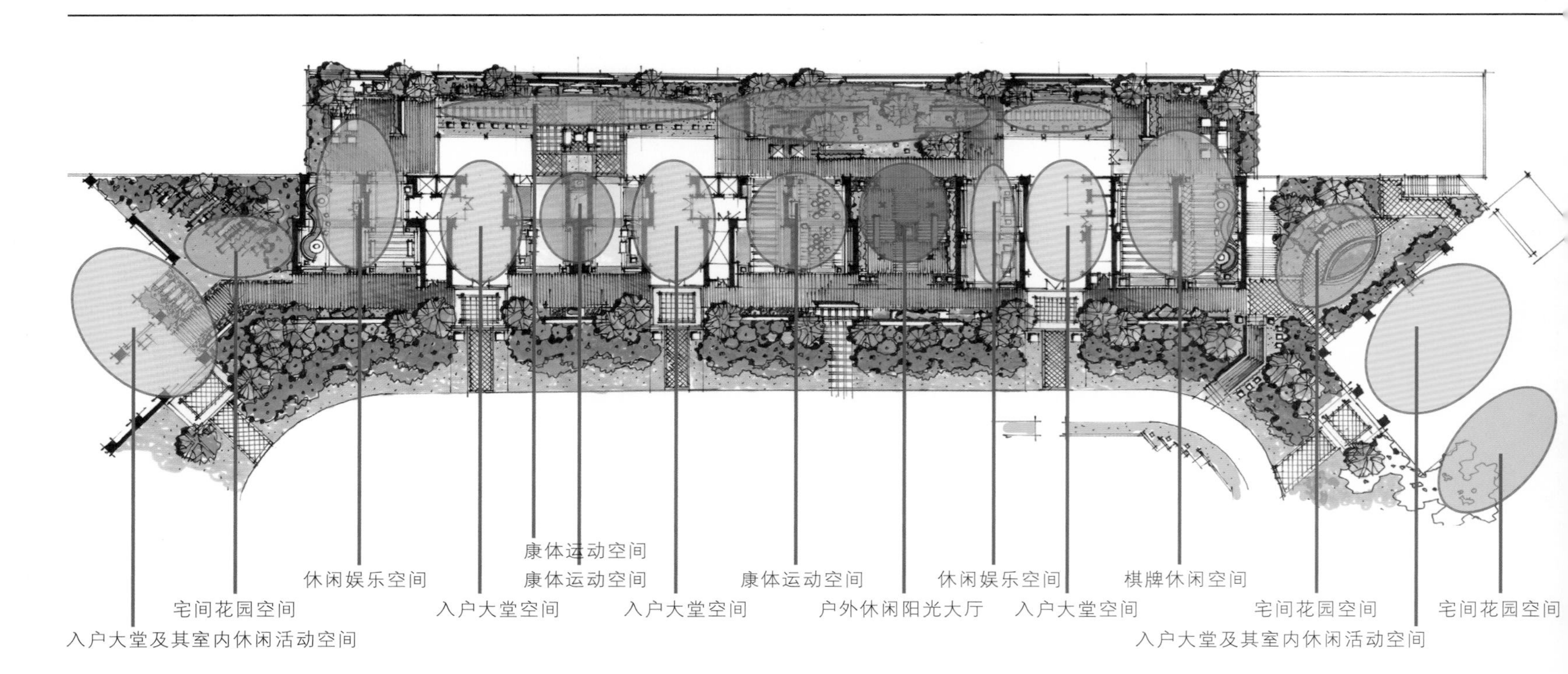

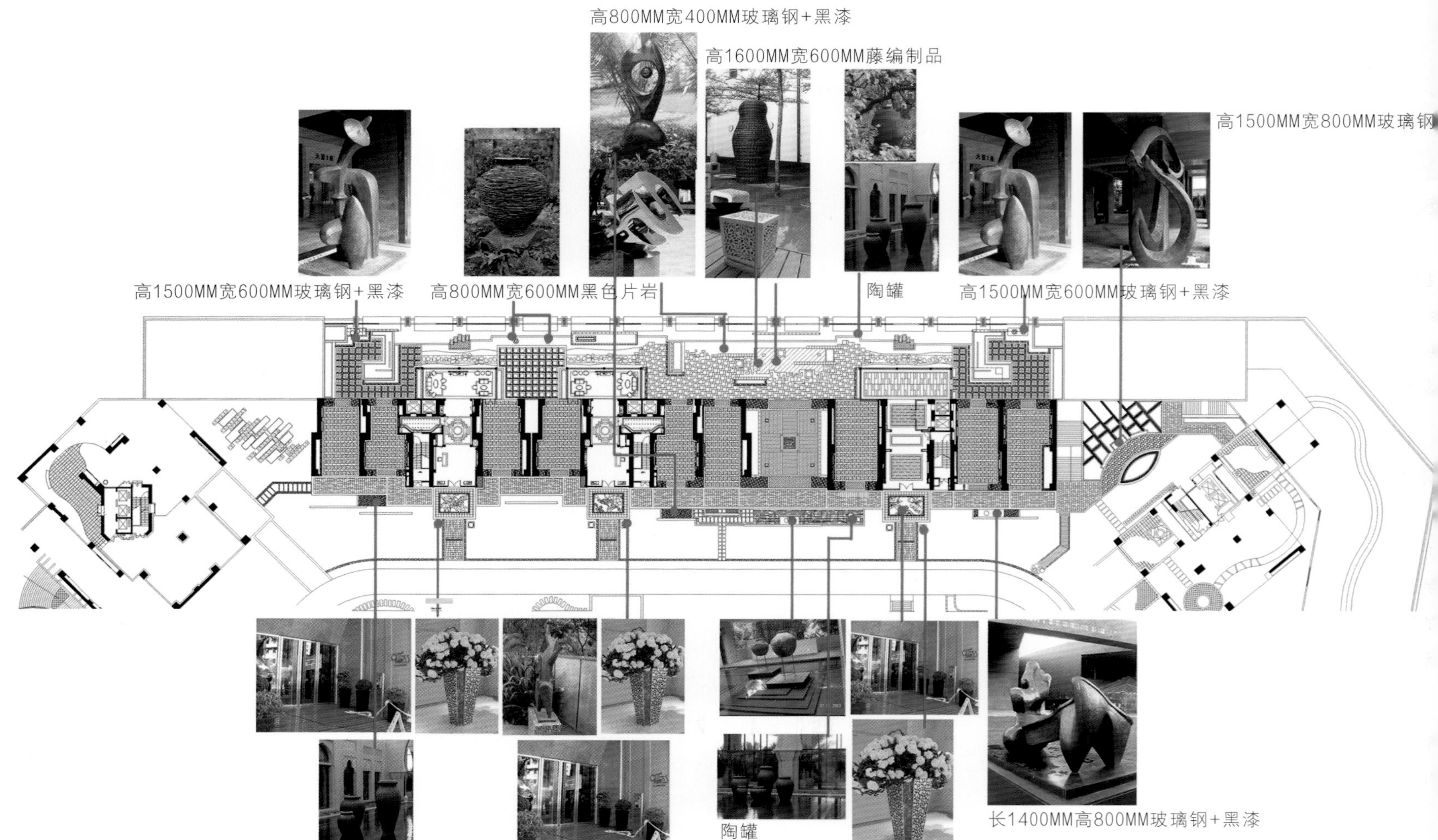

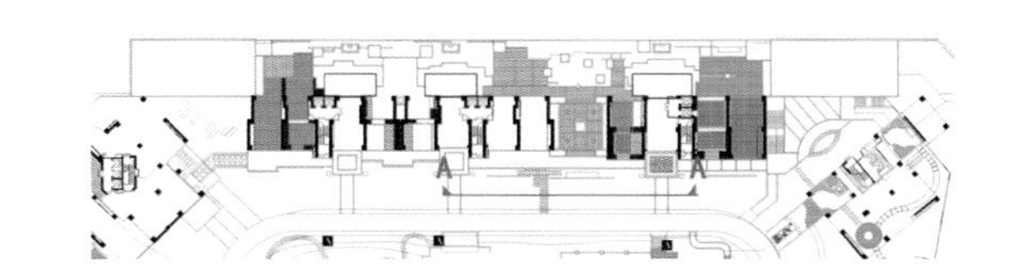

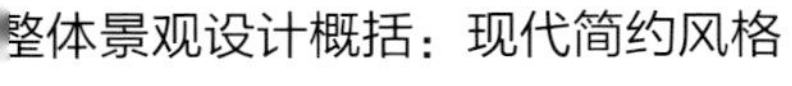

整体景观设计概括：现代简约风格

整体景观以“现代简约演绎都市高贵生活”为设计理念，主要由架空层前后的两条道路贯穿，使得架空层景观与室外环境完美地结合在一起。架空层并不仅仅是作为通道而存在，作为项目整体景观环境的重要组成部分，通过设置凹凸变化的木墙纹理、因地制宜设置的木格栅等，使其能够成为给人停留与参与的休闲空间。

休闲庭院景观的设计手法和特点：由点及面

在架空层景观中，北边作为与小区主园区相隔较为独立的地方，主要将其设计为休憩为主的庭院。在延续原有的整体景观风格的前提下，休闲庭院的景观设计以花的抽象艺术形态，提炼出精致的景观元素。运用小中见大的方式，在有限的用地范围内，营造出无限的空间意境。

在庭院的景观小品设计中，通过运用喷水的景墙、抽象的花瓣形汀步、以及极具艺术效果的雕塑，以抽象的造型变化，塑造出现代简约的景观风格。

Patio Resto法式餐厅·室内中庭

“休”字形象化

开 发 商：深圳市清华苑建筑有限公司WAU工作室
项目类型：餐厅
项目地点：深圳南山区南商路91号
设计单位：深圳市清华苑建筑有限公司WAU工作室
采　　编：陈惠慧

整体景观设计概括：围而不合

本案采用简约大气的风格，以黑白灰色系为基调，家具组合简单、抽象、明快、现代感强烈，摒弃多余的室内装饰品及无用细节，营造出一个清爽、精致、舒雅的就餐氛围。空间渗透借景的手法无处不体现，围而不合，隔而不闭，使得空间充满趣味性。

庭院景观的设计手法和特点：“休”字形象化

餐厅设计的理念最初源于象形文字的“休”字，左边是一个人，右边是一棵树，意为人们在树阴下乘凉，享受轻松的休闲时刻。从而衍生出“庭院”的处理手法——模糊室内外的界线，在室内开辟出一个有户外感觉的院落空间作为整个用餐空间的视觉焦点。

庭院被设计成舞台般的视觉焦点，刻意把庭院抬高，使其与一层的地面有明显的界限；围绕庭院夹层空间的楼板底面全部采用纯黑色涂料，庭院外部的家具均为黑色，降低了周围环境的明亮度；庭院内部则采用纯白涂料，搭配白色的家具，加上灯光设置上暖色光的间接式照明，利用不同程度的色调明暗，起到分割区域的作用。极简的色彩搭配，更好地烘托出庭院的视觉效果。

室内庭院的果树为喜阳植物，设计时考虑搬动可能性，采用盆栽并把树盆隐藏于抬高的庭院内。植物的点缀让庭院更为生机盎然，层次丰富多变，营造出惬意宁静、清新舒雅的就餐氛围。

妙香素食馆·室内庭院

"禅"式主题

项目类型：餐厅
项目地点：福建福州
设计单位：大木和石设计
设 计 师：陈杰
采　　编：盛随兵

整体景观设计概括：中式古典风格

妙香素食馆以中式古典的"禅"文化为设计理念。布置悠闲、舒适、轻松的环境，使身临此景的人乐享宁静、自由、亲善的心境，同时品味弥漫其中的中国素食文化和人文情怀。

素食馆采用对称式的布局方式，格调高雅，造型简朴优美，色彩浓重而成熟。在装饰细节上崇尚自然情趣，充分体现出中国传统美学精神。

室内庭院的设计手法和特点："禅"式主题

在"结庐在人境，而无车马喧"的清幽环境中，将桌椅恰如其分地摆放在入口处的走廊上，简约而休闲，并用红伞、白枯枝点缀其间。纸伞的"红"与墙面的"黄"体现了中国古老的色彩文化，棕色的铺砖更添空间沉稳气息，大自然的"绿"将这一切包围其中。多重色彩的视觉冲击使入口愈发亮眼以及更加突出餐厅"中式禅意"的主题。

室内摆设着字画、盆景、瓷器、古玩等中国传统元素；屋顶上干枯的厚茅草，拉门与窗棂上别具一格的花格等，这些室内、外古朴而灵动的陈设把人带进古老文化的氛围，领略"禅"文化的超然与雅致。

第五大道200号办公楼·室外中庭

阶梯式浮盘

开 发 商：L & L Holding Company, LLC
项目类型：办公区
项目地点：美国纽约
设计单位：Landworks Studio, Inc, Boston
采 编：张雅林

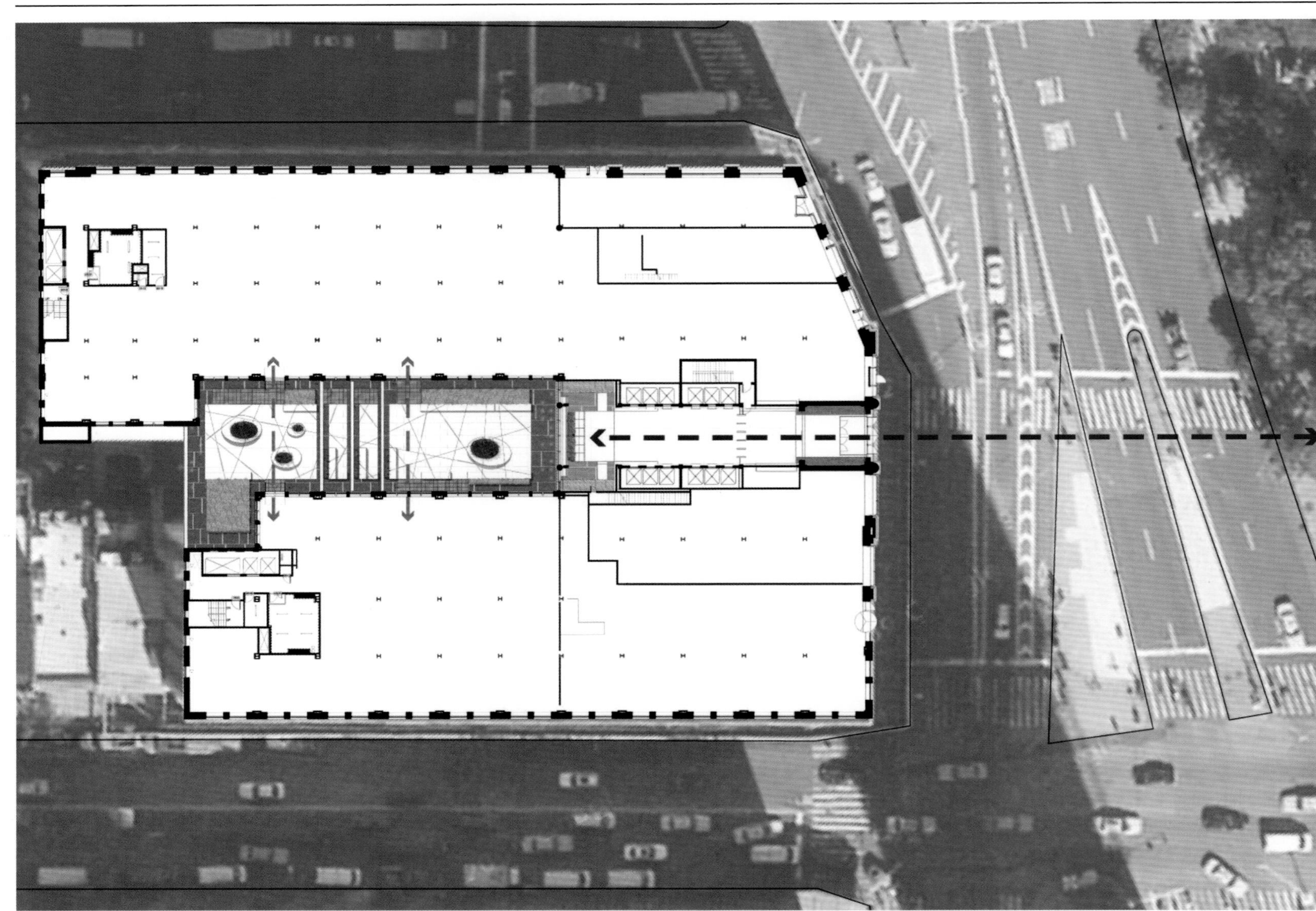

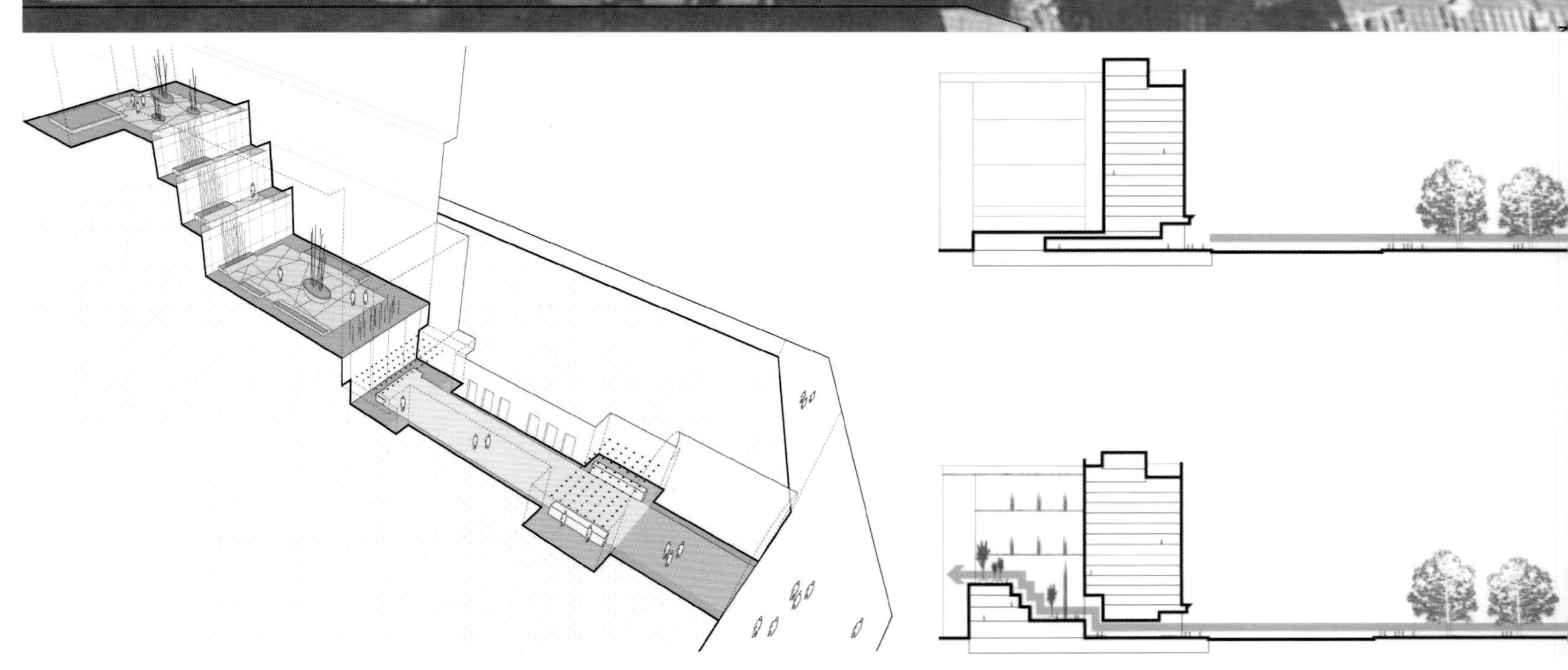

整体景观设计概括：引景入楼

第五大道200号办公楼紧邻纽约麦迪逊广场公园。 在翻新的过程中，设计师还原了建筑面向第五大道的入口，并且将一面实心的室内墙面换成了15层楼高的玻璃幕墙，实现了建筑与麦迪逊广场公园之间的视觉联系，并将公园的景观引入内部庭院当中，为广阔的办公空间注入新鲜活力。

中庭景观的设计手法和特点：阶梯式浮盘

中庭的主要特色在于阶梯式的浮盘，从大堂平面一路延伸至5楼。这个独特的浮盘采用聚合钢筋混凝土铺装，因结构强度大和轻薄性能高，可减轻对建筑楼板的负荷。浮盆内置的灯具上方罩上了轻质的不锈钢管，彷如漂浮在庭院地表植物之上，其排列方式与室内的灯具排列完全一致，强化了室内外空间之间的无缝连接，营造了开阔的空间效果。

浮盘上的植树池、覆盖着蕨类和苔藓的区域、满凹地的稚子竹都增加了庭院的绿化面积。而藤条附着在内立面瓷砖的绳子上、壁棚架上形成的悬空“绿板”，为的是把绿意从庭院延伸至建筑。

此外，设计师采用了对角线和内置玻璃罩LED灯，将地面切割出了生动的直角相交的铺装网络图案，将庭院空间进行划分，使起伏的铺装区块融入庭院。

中庭所采用的混凝土、玻璃、钢材等材料，都选用了可再生材料。而混凝土本色的浅色有助于减缓城市热岛效应，并可以把阳光反射到办公室，降低人工照明的能源消耗，具备一定的环保性能。

中轴景观

中轴景观，又称中轴线景观，即在一个场地的中心，通过抽象的直线形式将各个独立的景点串联起来的景观效果。

在中轴景观设计中，其轴线可为一条，也可有多条，沿着轴线的方向，可以看到设计师精心布局的空间，强调人们在空间中的体验。例如深圳深业新岸线中共设计了三条不同风格的水景轴线：即海洋文化景观轴线、海岸风情生活轴线、美式风情景观轴线。而其他景观则围绕着这三条轴线进行延展或者点缀装饰。其中海岸风情生活轴线通过临水休憩平台、亲水台阶、滨水长廊、景观桥的设置使其成为表现海岸风情的场所；海洋文化景观轴线：以人工运河为主题景观，并以之为载体在运河两侧设置连续序列组合的表现海洋文化的雕塑空间；美式风情景观轴线：大气的入口，独特的灯柱、斜拉景观桥，都成为轴线上精彩的亮点。辽宁抚顺万科金域蓝湾的景观布局沿中轴线展开，并通过回廊大台阶等泰式景观元素在竖向上形成双层立体架空景观环境，架空景观融入酒店大堂式的高尚精品格调，色彩的运用上则以宗教色彩浓郁的暖色调深色系为主，如深棕色、褐色、庙黄色及金色等，令人感觉沉稳大气，在尺度或空间上凸显气势，展现主轴景观的高贵、典雅、精致的品质。

轴线将每一种元素及不同的几何形式紧密地连接在一起，将它们作为具有活力的要素，形成统一、清晰的整体结构。轴线无论以哪种形式被设计，都表现出强烈的集中性，不仅将最精彩的景观要素组织在一起，也通过集中的特性而形成清晰易辨的空间骨架。

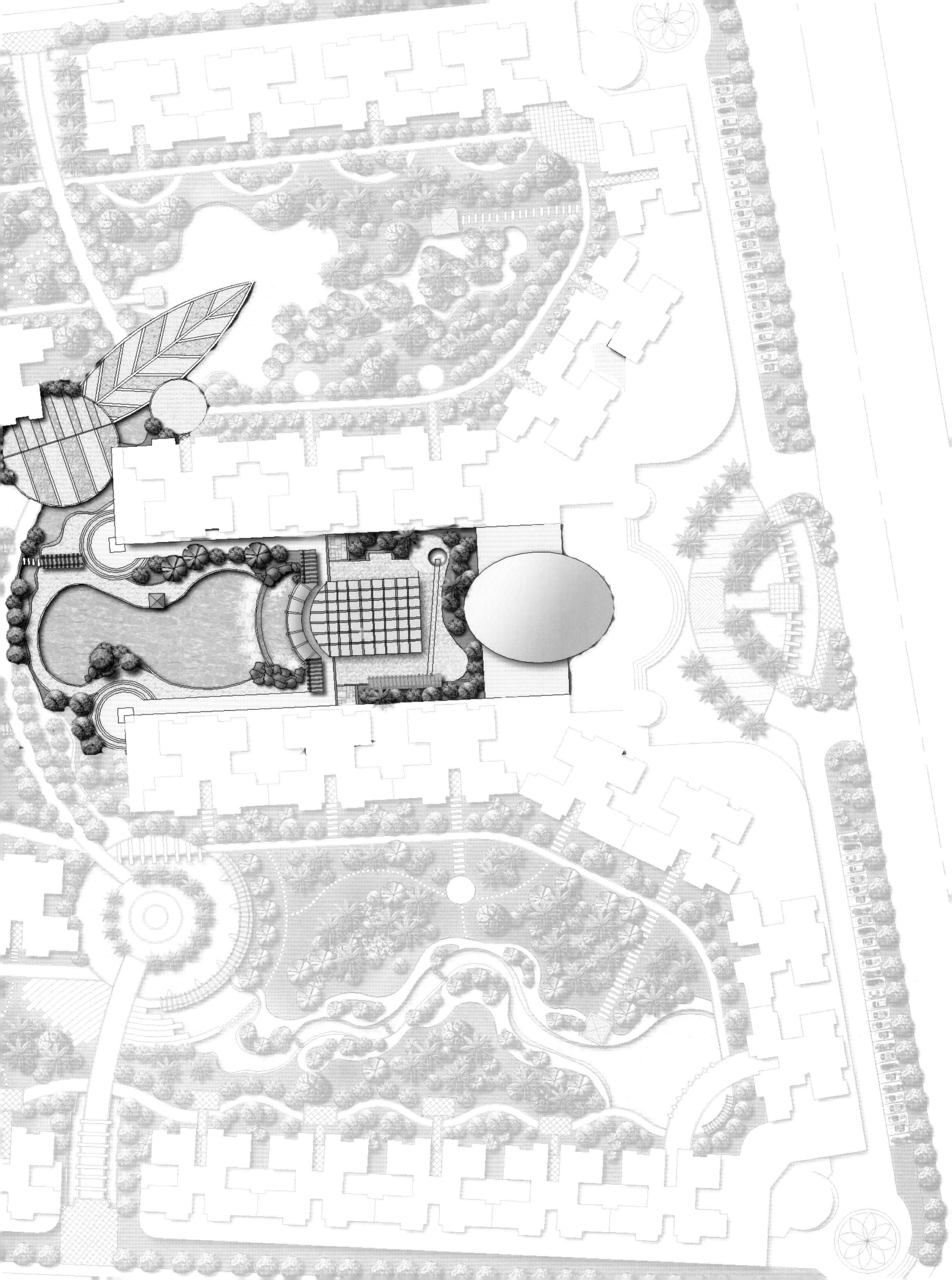

万科金域蓝湾·住宅中轴线

竖向双层立体架空

开 发 商：抚顺万科房地产开发有限公司
项目类型：住宅
项目地点：辽宁抚顺
设计单位：新西林景观设计
设计总监：黄剑锋
采 编：李忍

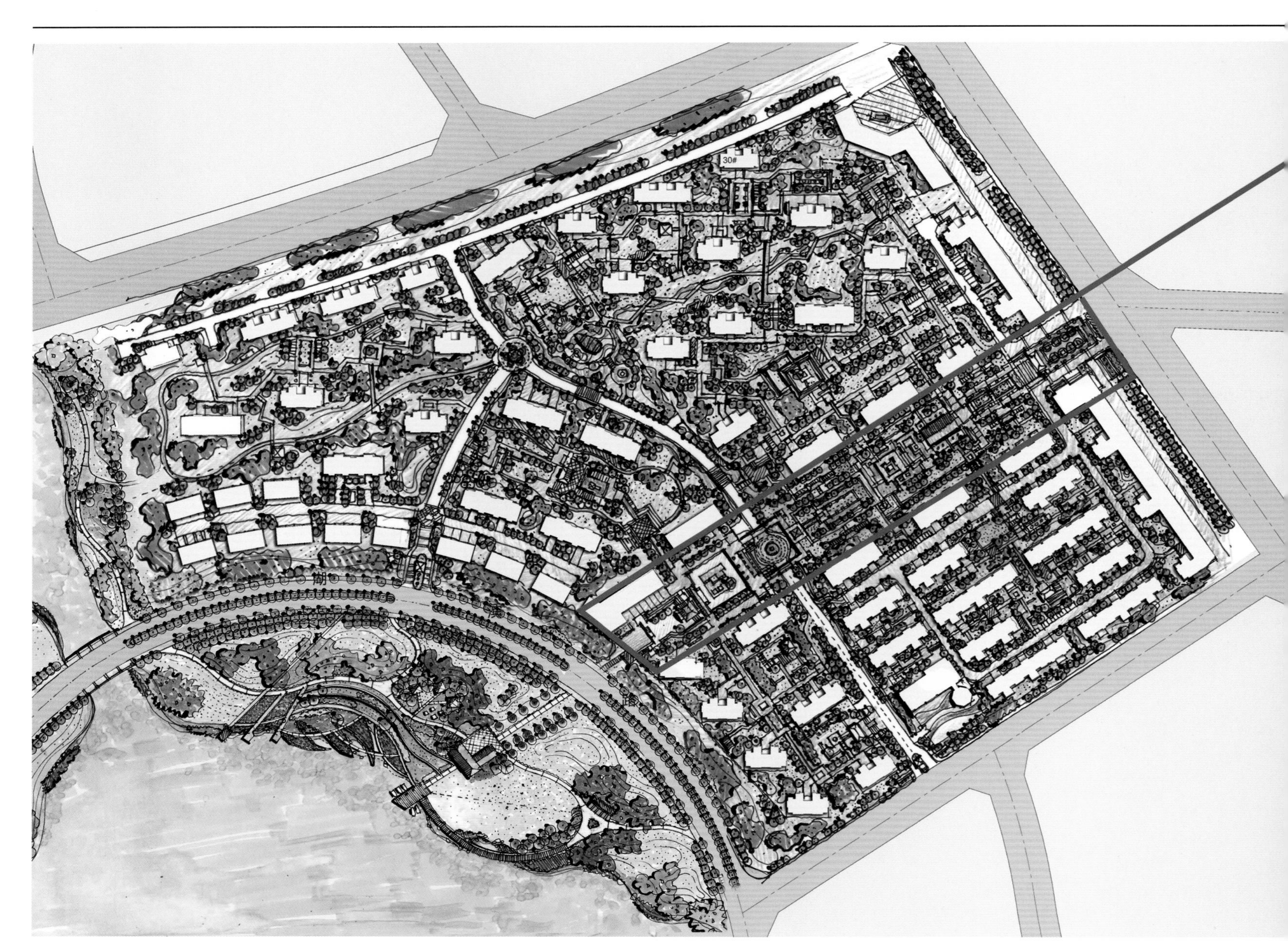

整体景观设计概括：泰式风格景观

SED新西林景观国际将景观定位于“现代都市下的滨湖宜居，造就生态核心高品质泰式风情住宅。”因此项目的整体景观是对东南亚风情泰式园林的延续传承。无论在空间打造还是细节装饰的考虑都具备泰式风情的自然、健康和休闲的特质，展现泰式风情的浪漫和惬意。

中轴景观的设计手法和特点：竖向双层立体架空

景观布局沿中轴线展开，并通过回廊大台阶等泰式景观元素在竖向上形成双层立体架空景观环境，架空景观融入酒店大堂式的高尚精品格调，色彩的运用上则以宗教色彩浓郁的暖色调深色系为主，如深棕色、褐色、庙黄色及金色等，令人感觉沉稳大气，在尺度或空间上凸显气势，展现出主轴景观的高贵，典雅，精致。

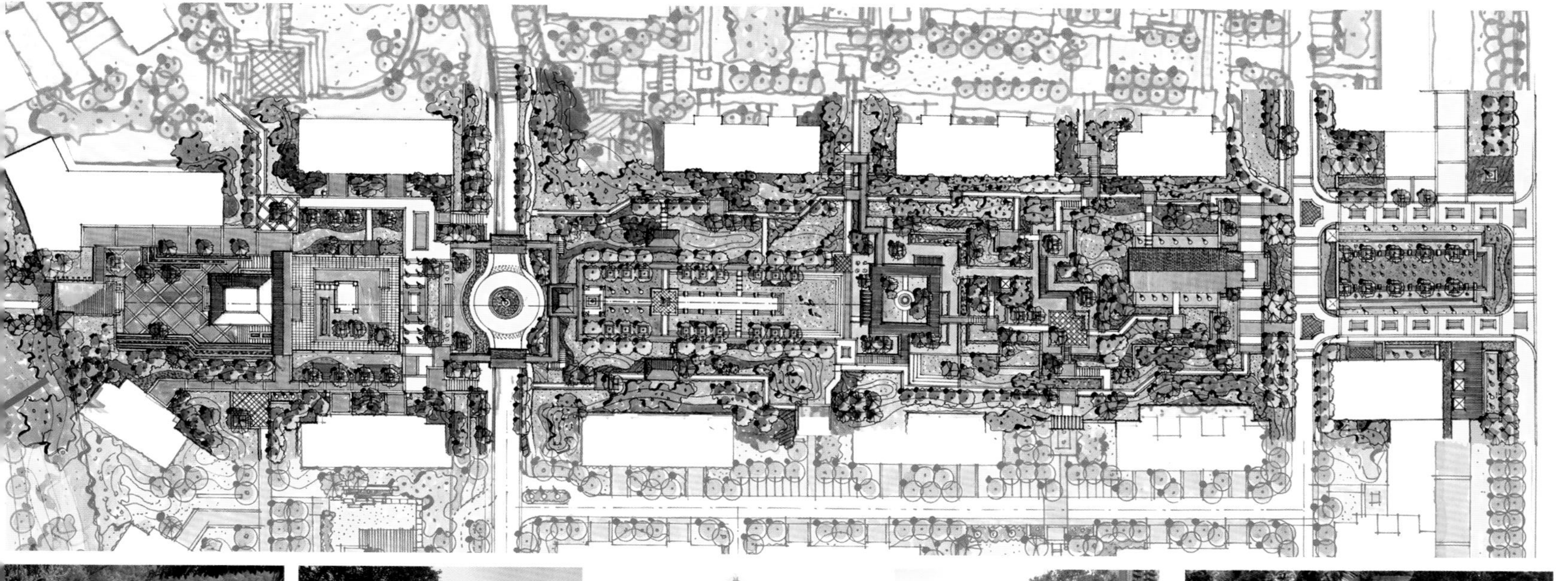

01.入口LOGO水景墙
02.序列水中树阵
03.对景风情构架
04.大型临水风情构架
05.水上架空平台
06.回旋天井
07.轴对称银杏树阵
08.主轴水景
09.轴对称连廊
10.风情景观亭
11.架空平台
12.对景序列跌水
13.序列水钵景观
14.水中种植池
15.大型景观构架
16.休闲体验广场

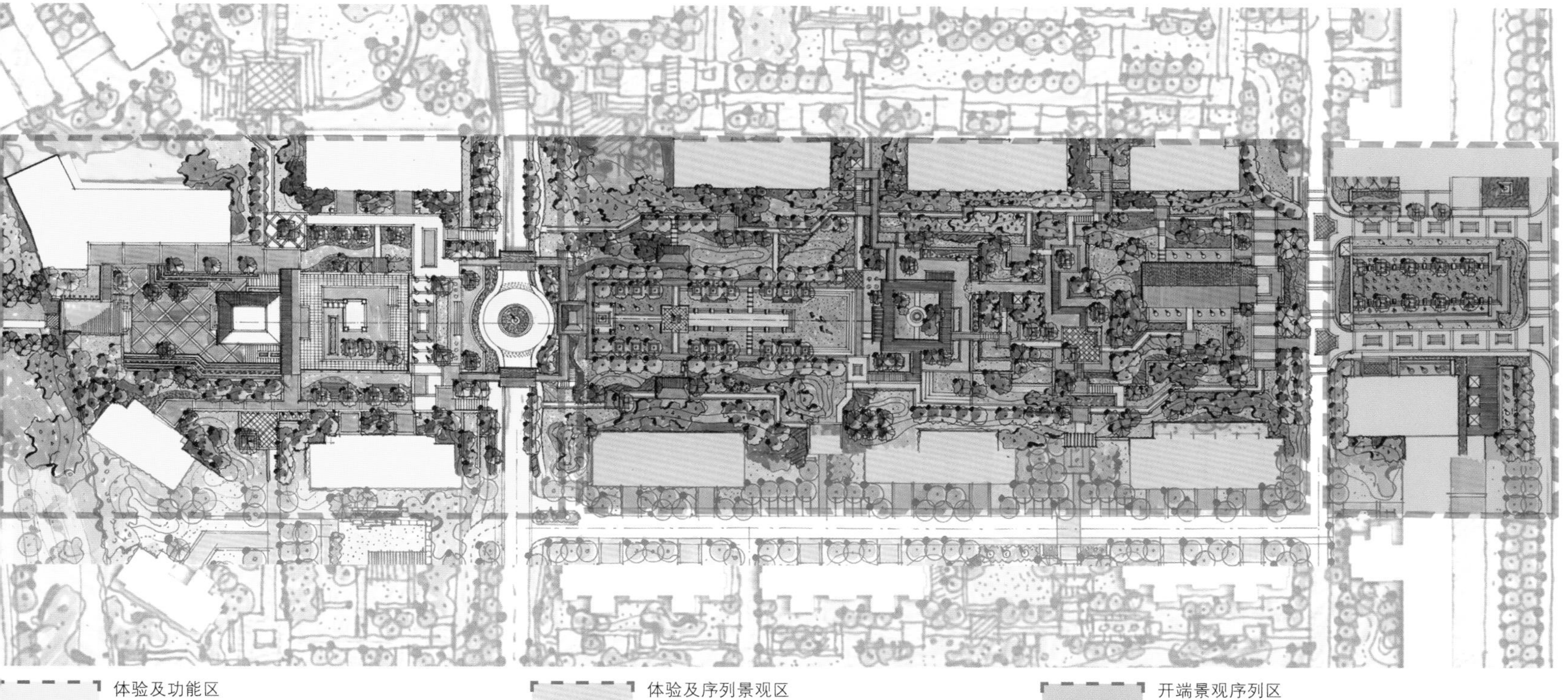

体验及功能区

主题水景
架空回廊
名贵大树
休闲广场
特色雕塑
绿化

体验及序列景观区

银杏树阵
主题水景
风情构架
架空平台
阳光草坪
休闲廊架
自然坡地

开端景观序列区

LOGO景墙
水中树阵
对景构架
草坪

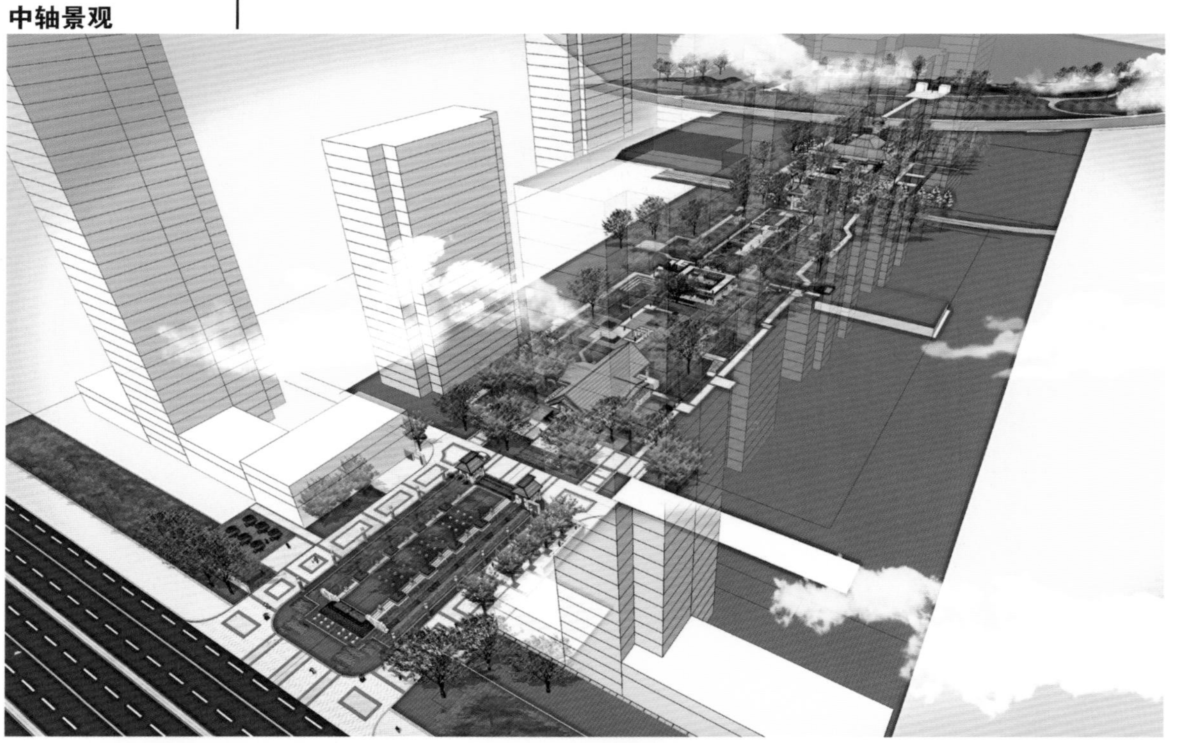

由南湖引水从项目宗地内通过，采用明渠形式而自成峡谷景观，此处将以植物，景示置石，泰式景观小品为主要元素，塑造自然生态的环境，使得住户感受到来自大自然的野趣，环境的清新，获得身心上的健康。

整体材料上遵循泰式基调红黄褐为原则，重要节点空间运用红棕色卵石拼花图案点缀，小品均以黄锈石或砂岩为材料。细节小品在搭配中注重材料的选取与色调的整体把控。小品整体以泰式风格的暖色调为基准，其在园内的造型憨厚，敦实，以滑稽的动物或夸张的人物为主，可随意点缀陶罐。

万科·金域蓝湾
the paradiso
TL2.50

新城公馆·住宅中轴线

地台设计凸显中轴立体感

开 发 商：上海新城南郡房地产有限公司

项目类型：住宅

项目地点：上海市南翔

设计单位：中国建筑设计研究院-上海中森

采　　编：盛随兵

整体景观设计概括：横纵轴线分割景观带

新城公馆以新古典主义风格，构建简单明朗的建筑线条，突出沉稳、大气的气质。

整个社区由9 000平方米的景观中轴线分割，9栋小高层公寓分东西两列。社区绿化带被横纵轴线分割，形成多处景观带，突出绿化环绕效果。

中轴景观的设计手法和特点：地台设计凸显中轴立体感

社区入口处采用堆坡的形式，构建出2米的地台结构，以天然石材铺装。其中近1米长，50厘米宽的石阶采用的是黄金麻石材，由人工凿出5毫米的深槽，使得整块石材呈现出整齐划一的菱形图形，增加视觉立体感。

地台顶部是一个过百平方米、形似酒杯的超大喷水池，喷泉与其他景观之间和谐结合，保持着适宜的尺度。双面石狮雕像分布在喷泉前后，均由约8吨重的整块石料人工雕刻而成，栩栩如生。

社区中轴线旁的绿化带种有100余棵植株、15米高50年树龄的朴树、12米高的广玉兰等花景，以城市罕有的景观绿意，隔断城市中的浮躁与喧嚣，让心灵归于宁静。

新城公馆

LEGEND MANSION
新城公馆
XINCHENG MANSION

深业新岸线·住宅中轴线

三重水景轴线

开 发 商：深业集团（深圳）有限公司
项目类型：住宅
项目地点：深圳
设计单位：深圳市赛瑞景观工程设计有限公司
设 计 师：丁炯、黄义盛、付岩、程芳、李婧、覃忠
采　　编：李忍

整体景观设计概括：现代美式风情园林

深业新岸线在景观设计中引入与深圳纬度相似的、远在大西洋彼岸的美国佛罗里达风情。简洁自然略偏美式，既表现出一定的风格特征又能与住户的需求相结合。在美国，佛罗里达不仅是“鲜花、海浪、阳光、沙滩”的代名词，而且还代表着“最适合人类居住的地方”。

轴线景观的设计手法和特点：三重水景轴线

小区共设计了三条不同风格的景观轴线：即海洋文化景观轴线、海岸风情生活轴线、美式风情景观轴线。而其他景观则围绕着这三条轴线进行延展或者点缀装饰。

海岸风情生活轴线：沿湖岸临大户型住宅区域设计为海岸风情生活轴线，通过临水休憩平台、亲水台阶、滨水长廊、景观桥的设置使其成为表现海岸风情的场所，而花箱、特色灯具、标牌、户外主题设施则成为海岸风情的点睛之笔。

海洋文化景观轴线：为了有机联系北侧组团，设计了连接北入口与西入口的海文化景观轴线，此轴线以人工运河为主题景观，并以之为载体在运河两侧设置连续列组合的表现海洋文化的雕塑空间。

美式风情景观轴线：小区南北入口相连的轴线则成为美式风情景观轴线，大气入口，独特的灯柱、斜拉景观桥，都成为轴线上精彩的亮点。

在空间塑造上与高层建筑空间相匹配，采用美式景观的大开大合的构成方式，重空间的转换与过渡，并与建筑空间完美结合。

在细部处理上，尽量使用自然的材质，如石材、卵石、木材等。

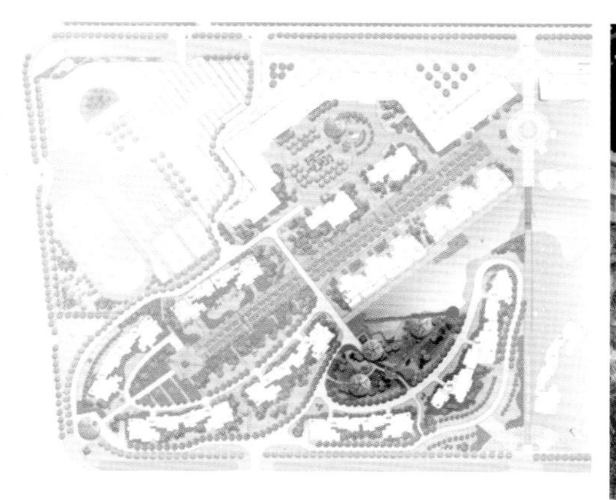

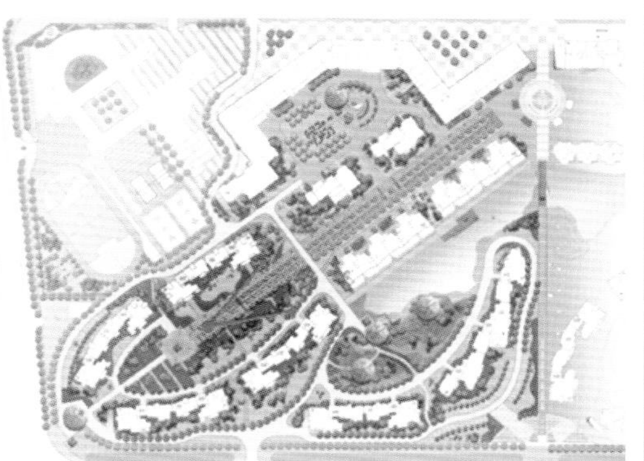

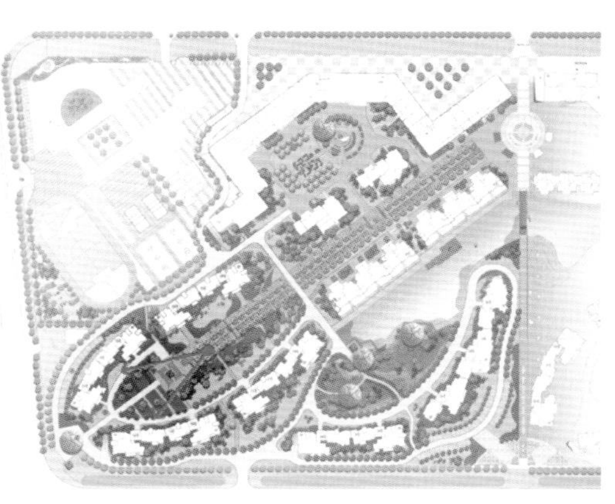

Downtown Jebel Ali · 商业中轴线

梯形结构

业　　主：Limitless Ltd
项目类型：商业
项目地点：迪拜
设计单位：美国SWA集团
采　　编：盛随兵

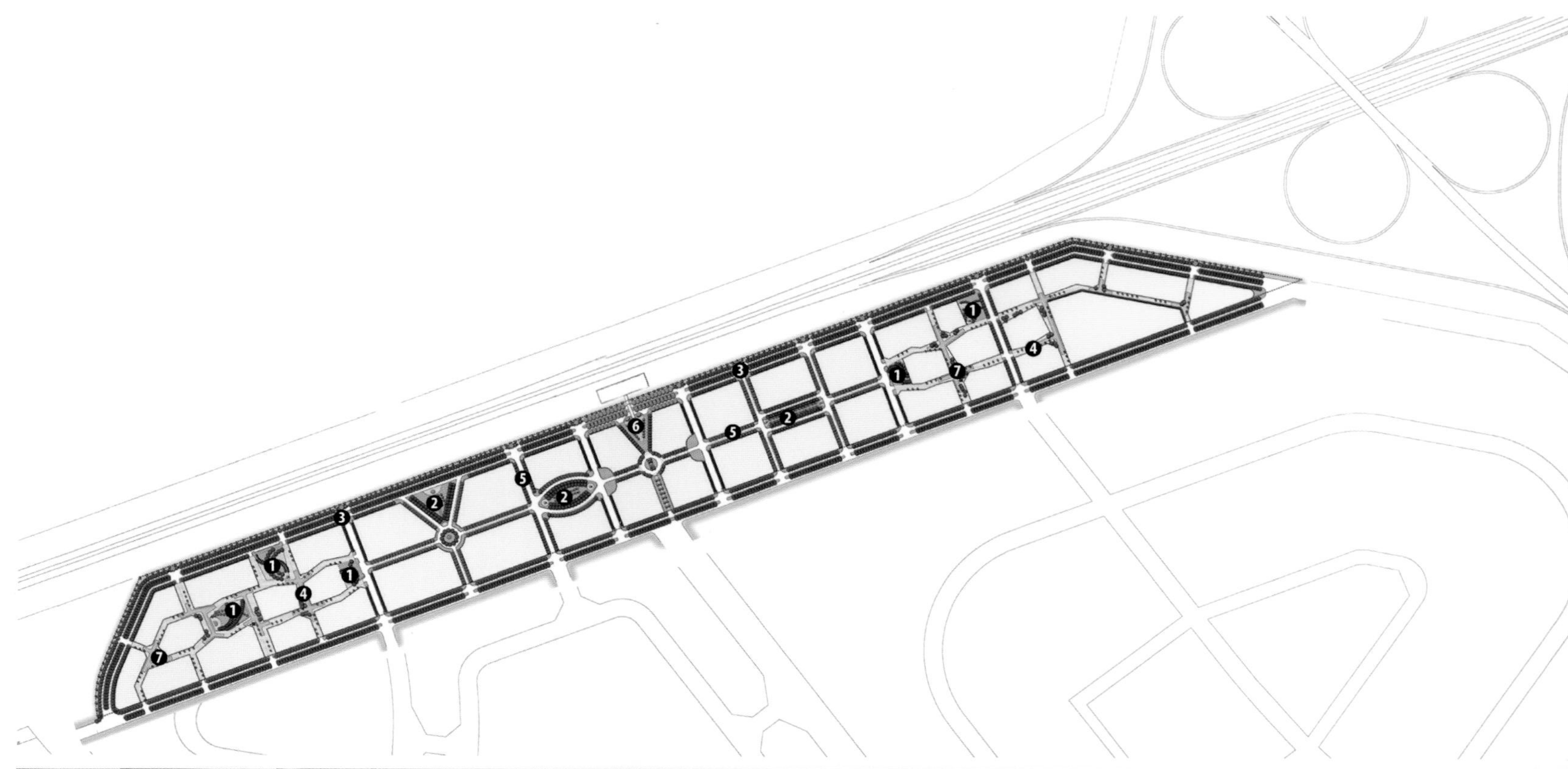

整体景观设计概括：绿色生态

迪拜塔公园占地11万平方米，其景观设计包括一条湖畔走道、一个休闲树丛、室外用餐区，以及一个休闲广场。从包围着世界第一高楼的迪拜塔公园，到媲美世界闻名街道的艾马尔大道，迪拜塔商业区的景观将游客迎入一处绿色、阴凉，同时充满欢乐的城市胜景之中。

湿热的户外空气，在迪拜塔冻水冷冻系统的作用下，产生了明显的冷凝现象，每年将形成一千五百万加仑的水。这些冷凝水将会被收集起来，用作项目景观的灌溉用水。

中轴线景观的设计手法和特点：梯形结构

受该地区气候干燥、干旱和沙漠化的环境使人们对生存的渴望幻化成他们对天国仙境的向往与企盼，水和树是天国仙境中不可或缺的元素，水是生命的源泉，而树则因其顶部而更接近天堂。

迪拜塔在景观设计中所使用的材料和设计元素都是从绿洲、本土棕榈树、以及以自然为背景的伊斯兰传统文化等方面衍生出来，所形成的景观既宏大，又不乏私密性，软硬景观相结合，既有个性又有共性。

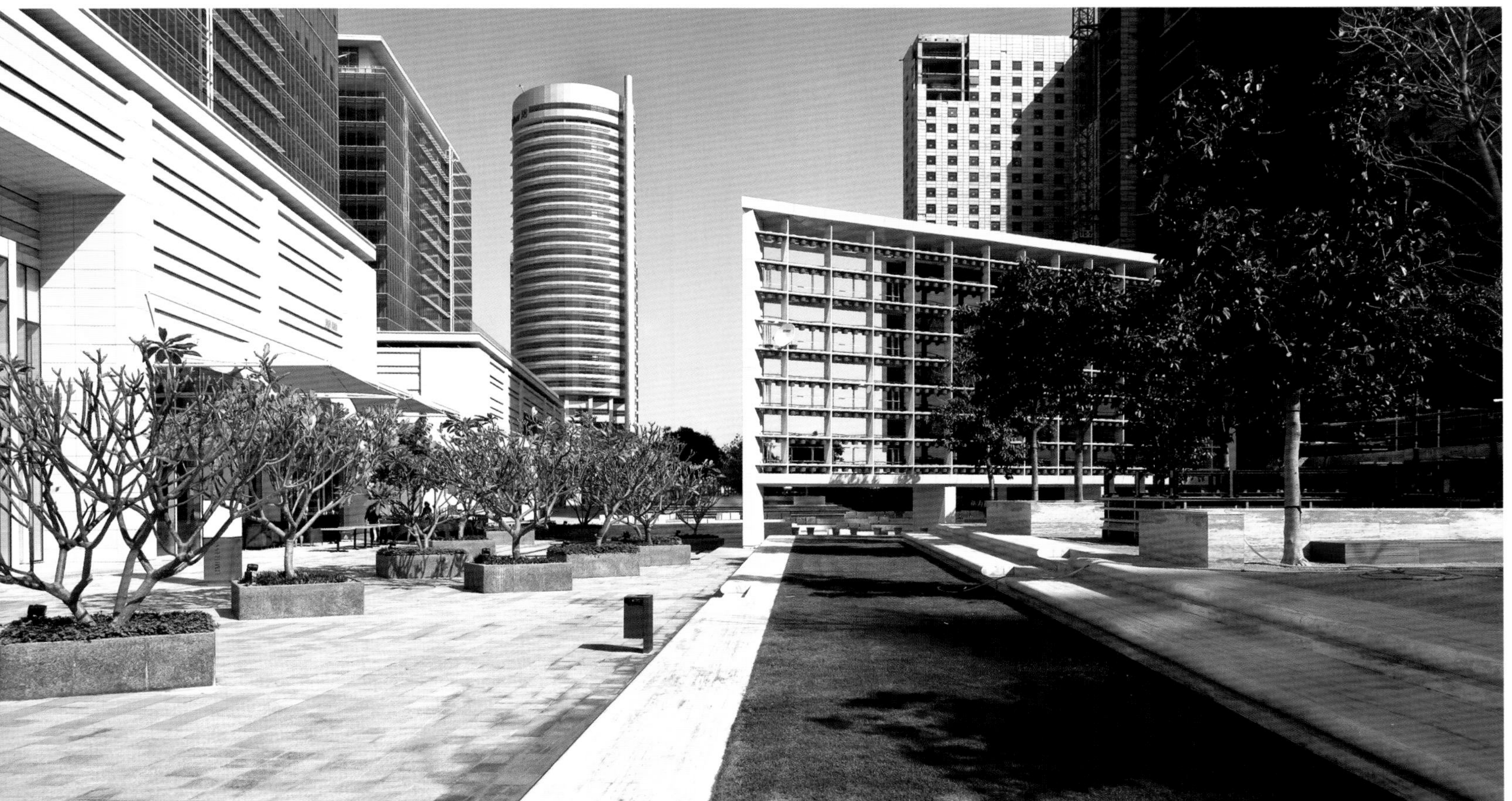

EXIT

EXIT

EXIT

EXIT

oregano

双塘路
威
龙
金星大道
龙
枫林
白云路
潭石路
2
5
6
9
10
11
12
13
14
15
17
18
19
27
29
34
4
40
41
42
43
44
45
46
47
48
50
8

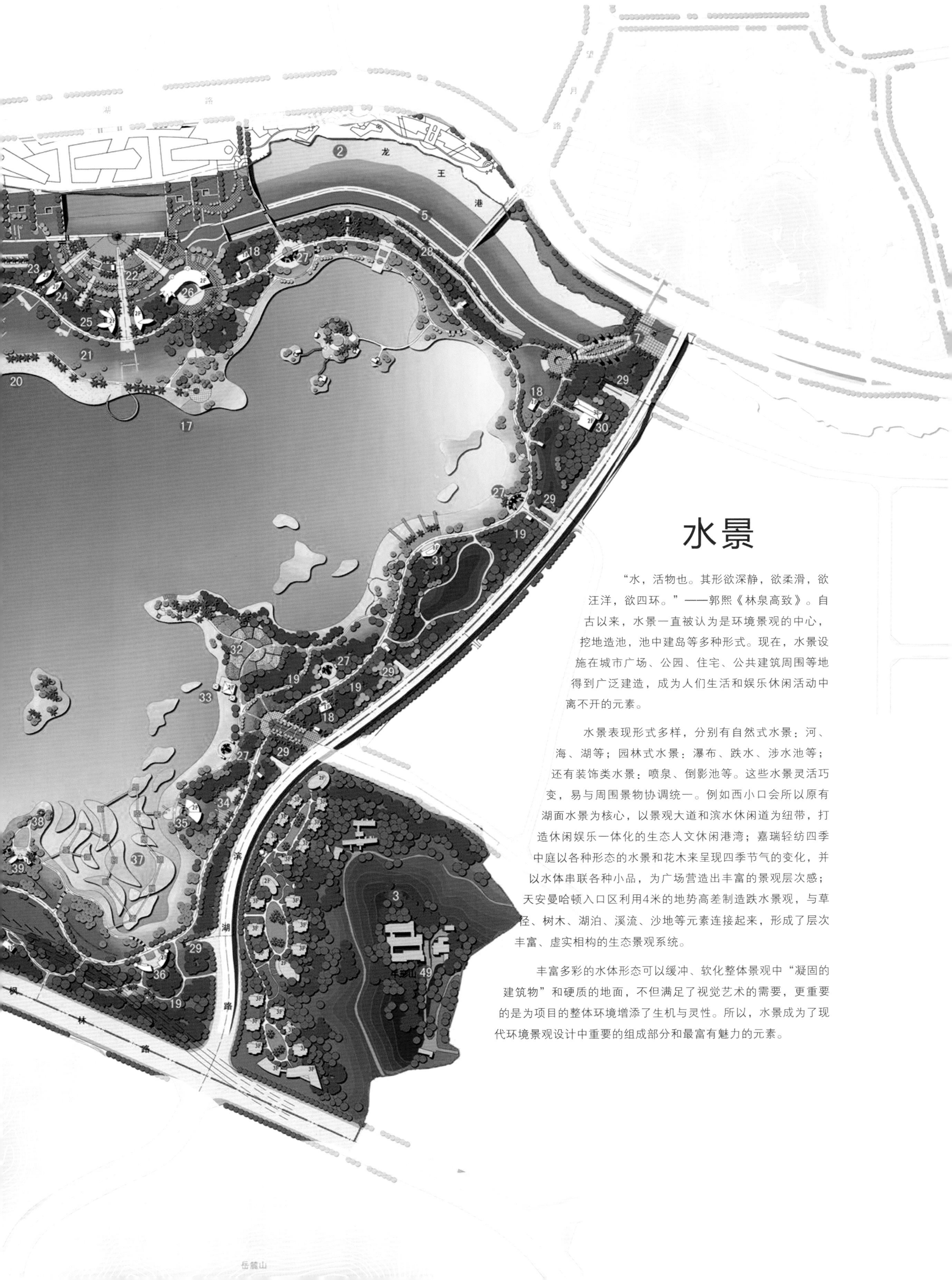

水景

“水，活物也。其形欲深静，欲柔滑，欲汪洋，欲四环。”——郭熙《林泉高致》。自古以来，水景一直被认为是环境景观的中心，挖地造池，池中建岛等多种形式。现在，水景设施在城市广场、公园、住宅、公共建筑周围等地得到广泛建造，成为人们生活和娱乐休闲活动中离不开的元素。

水景表现形式多样，分别有自然式水景：河、海、湖等；园林式水景：瀑布、跌水、涉水池等；还有装饰类水景：喷泉、倒影池等。这些水景灵活巧变，易与周围景物协调统一。例如西小口会所以原有湖面水景为核心，以景观大道和滨水休闲道为纽带，打造休闲娱乐一体化的生态人文休闲港湾；嘉瑞轻纺四季中庭以各种形态的水景和花木来呈现四季节气的变化，并以水体串联各种小品，为广场营造出丰富的景观层次感；天安曼哈顿入口区利用4米的地势高差制造跌水景观，与草径、树木、湖泊、溪流、沙地等元素连接起来，形成了层次丰富、虚实相构的生态景观系统。

丰富多彩的水体形态可以缓冲、软化整体景观中“凝固的建筑物”和硬质的地面，不但满足了视觉艺术的需要，更重要的是为项目的整体环境增添了生机与灵性。所以，水景成为了现代环境景观设计中重要的组成部分和最富有魅力的元素。

威海碧海庄园 · 滨海景观

环海成景

开 发 商：威海迪尚捷年房地产开发有限公司　　**项目地点**：山东威海　　**设 计 师**：倉永秀夫

项目类型：住宅　　**设计单位**：上海仓永景观设计有限公司　　**采　　编**：盛随兵

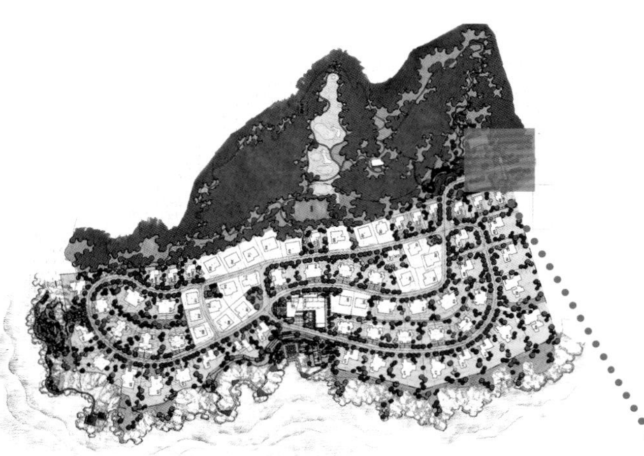

整体景观设计概括：原始山海地貌造景

项目地块依山面海，有着极佳的观海视觉。地势东高西低，北高南低，整体处在山体的西坡山。南北、东西地势最大落差在15—25米左右。山上有大量原生植被。景观建造的过程，实际上是一个充分利用地块原有资源，进行有机改造、更新的过程。因地制宜，合理规划，挖掘其内在的景观价值，从而提升整个住宅区的品质。建筑和景观，是生长在山海之间的新鲜空间，甚至成为了山与海的连接体。人居住其间，获得抚摸山，亲近海的天然之趣。

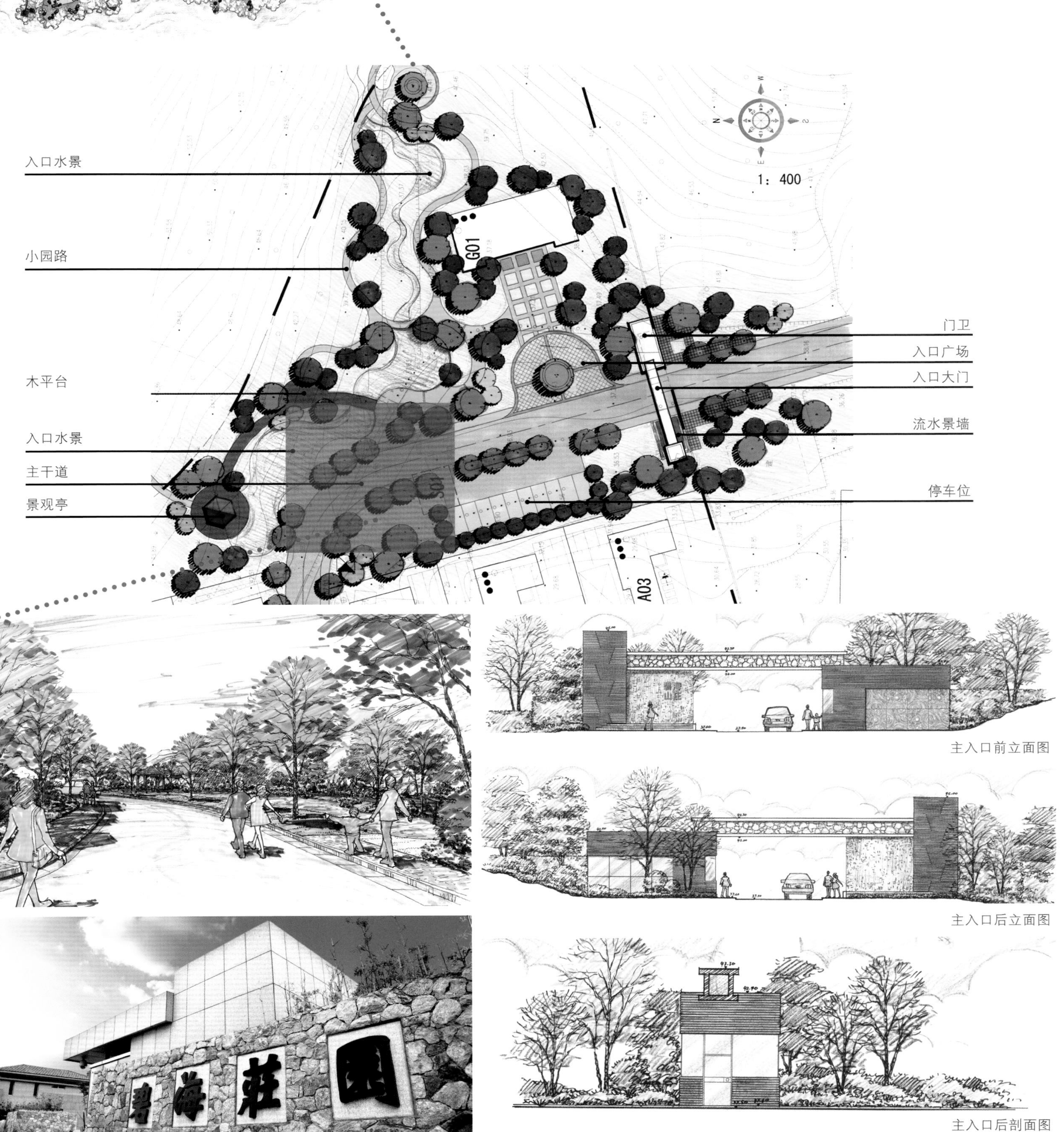

主入口前立面图

主入口后立面图

主入口后剖面图

滨海景观的设计手法和特点：环海成景

山和海是本项目得天独厚的景观资源，蜿蜒入海的木栈道及木平台成为本案的一大特色，也是连通小区交通的重要通道，又是烘托滨海氛围的点睛之笔，是大海边的精致点缀。贯通山坡的散步道及点缀其中的景观亭、景观廊架、景观池、景观平台等使业主在多元化的户外空间下，享受天然景致的一点一滴。

小品的设置为散点式分布，镶嵌在各个行走的路径旁侧。小品以海洋文化为主题，以天然的石材为主，让人感觉小品是这山石之间生长出来的一样，具有了某种具象的造型，赋予空间一种灵性。

植物配置上采用威海本土植物种类，群落式的布置形成空间自然、生态多样、野鸟栖息的环境。因在沿海边，所以选用一些耐盐碱、抗海风性强的植物，如：湿地松、黑松、石岩杜鹃、海桐等。

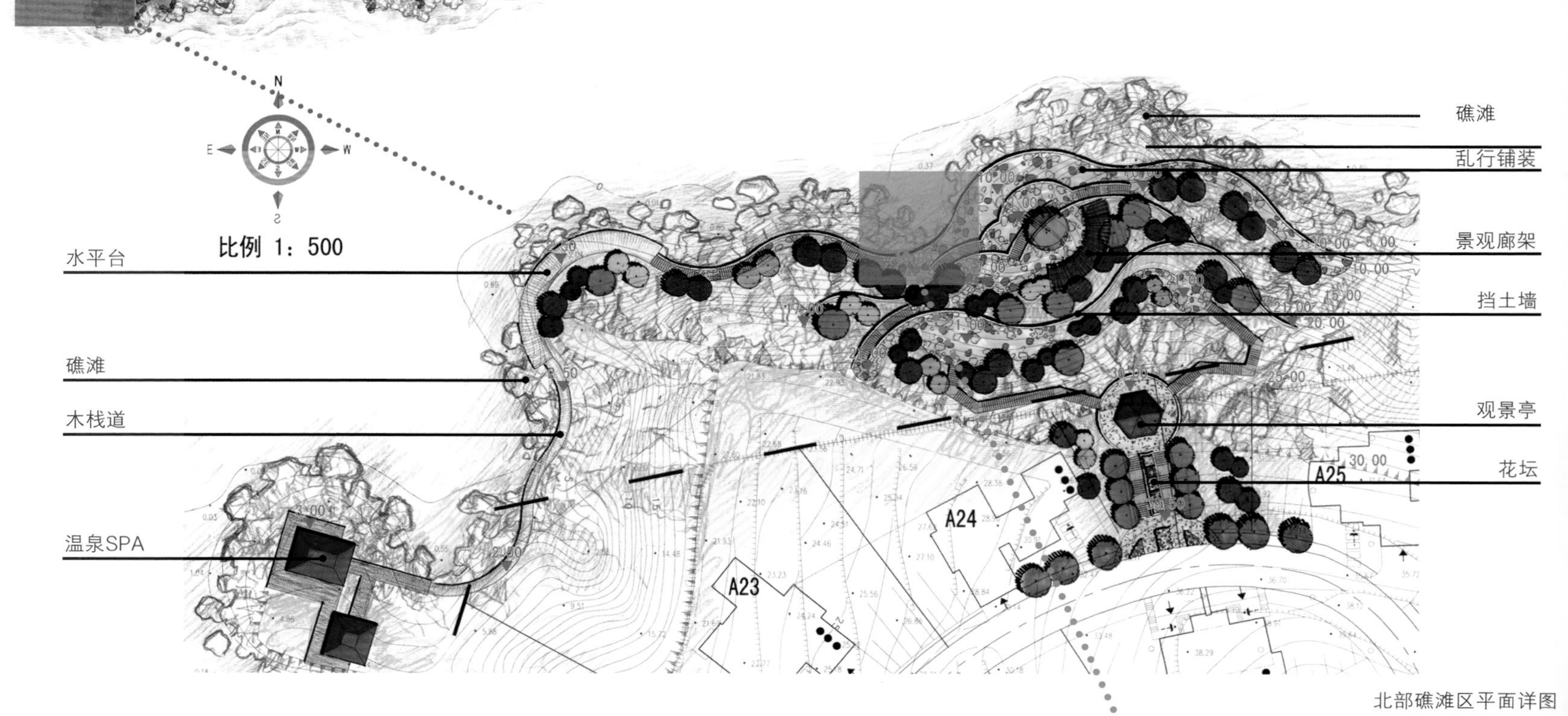

北部礁滩区平面详图

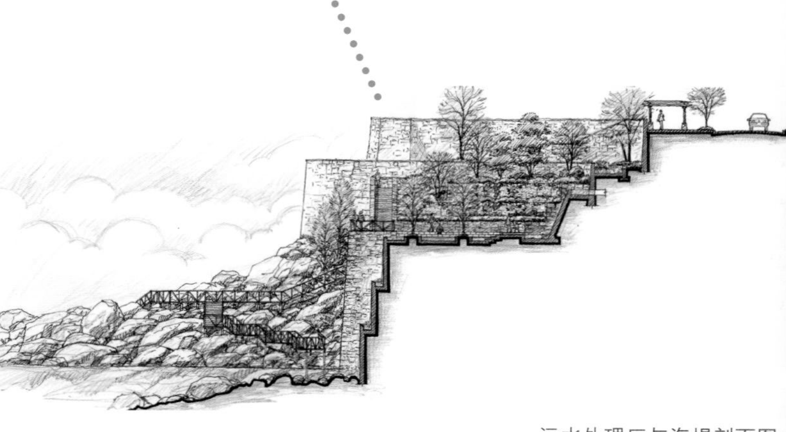

污水处理厂与海堤剖面图

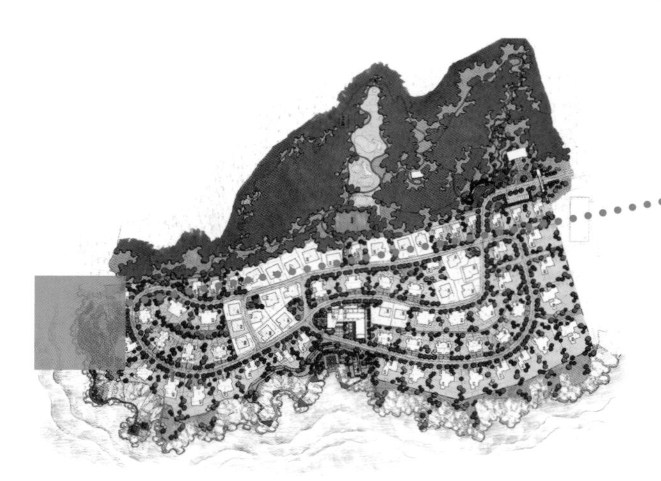

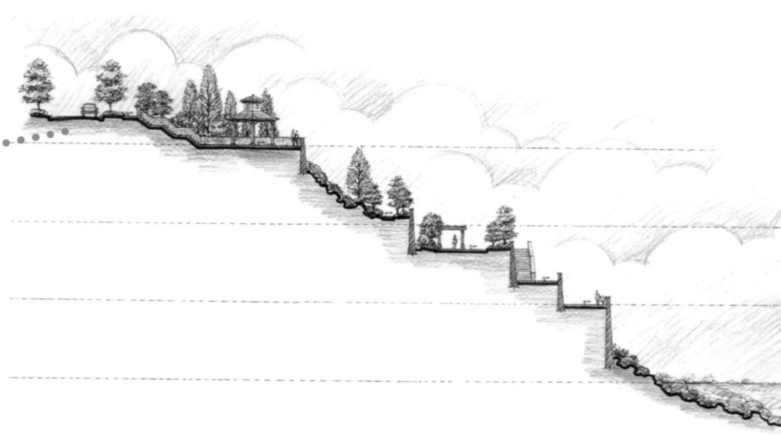

北部礁滩剖面图

罗浮山名流幸福庄园·湖湾景观

向大纵深扩展

开 发 商：武汉名流置业
项目类型：别墅
项目地点：广东省惠州市
设计单位：日本M.A.O一级建筑士事务所
采　　编：盛随兵

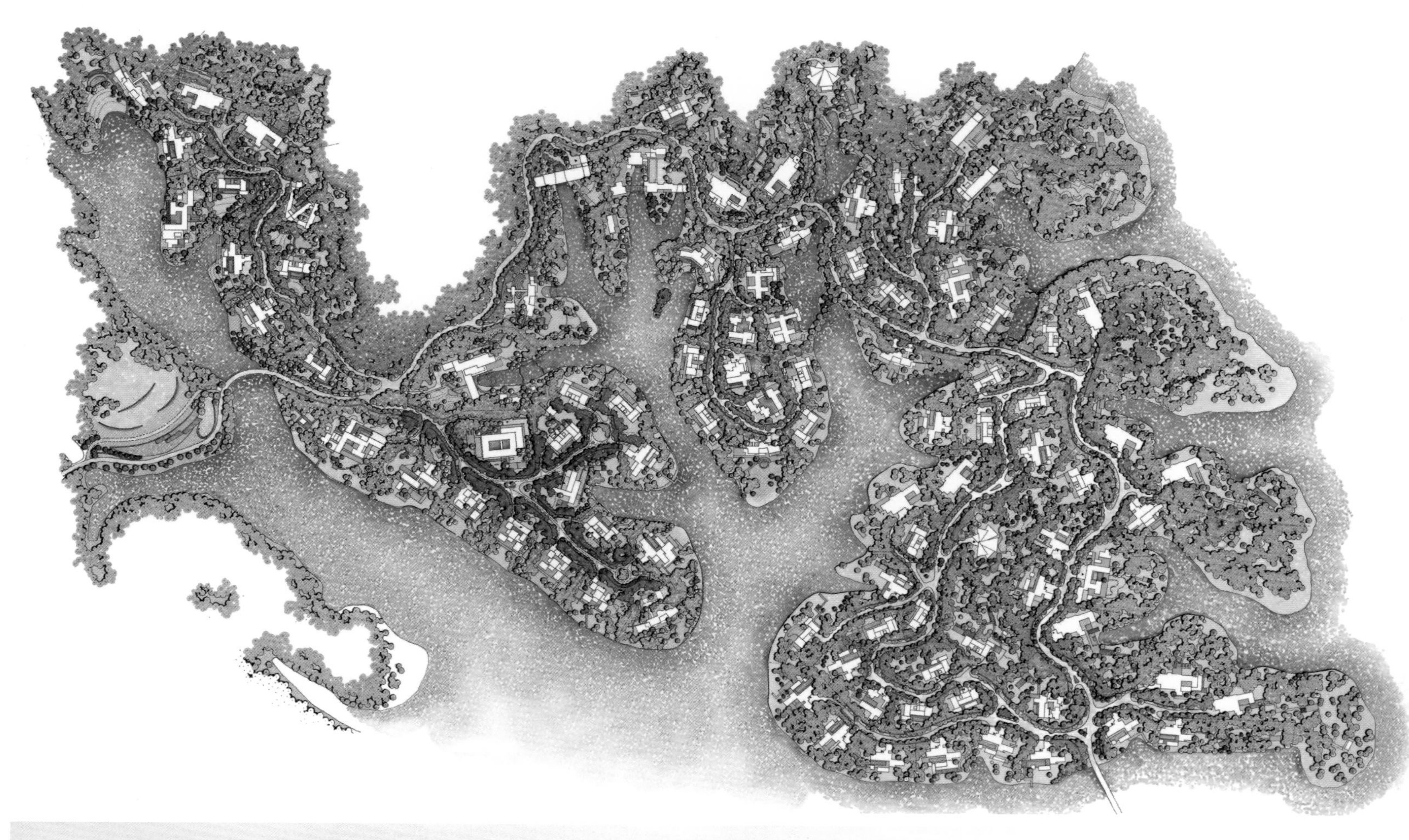

整体景观设计概括：原生态坡地园林景观

项目的整体景观特征在于将自然的地形特征赋予建筑，而通过建筑将自然的魅力最大限度地提取出来。

由于项目地形坡度较大，因此在设计中结合山坡的走向进行景观规划，尽量保持基地内的原始生态地貌，局部地区做少量改造。体现近水森林地貌的特征，妥善处理树木、坡度、水域、建筑之间的空间关系，让建筑消失在基地内，使其成为其中的重要组成部分。消除建筑和其他景观设施相对于基地的外来感。

水景的设计手法和特点：向大纵深扩展

基地内湖湾状的水资源丰富，但是每个湖湾的景色却不同。此处的景色没有横向的扩展，而是利用狭长的水面，形成大纵深的景观视线。

设计师力求将这一狭长的水景进行最大限度的捕捉。将别墅一层长边平行于水边设置，建筑内部地面标高尽量和水面标高齐平，且根据后方的坡地对别墅进行叠加，在水面与山坡的高低差之间寻找到最佳的平衡感。为了过滤纯净的景色，将别墅切割成几等分进行90° 旋转以及偏移，内部空间也分成了各种不同形态，使得从建筑的任何场所任何空间都能够观赏到水景。

另外，利用现有高差和相对狭窄的地形，对植物进行整理，种植大树冠型植物。

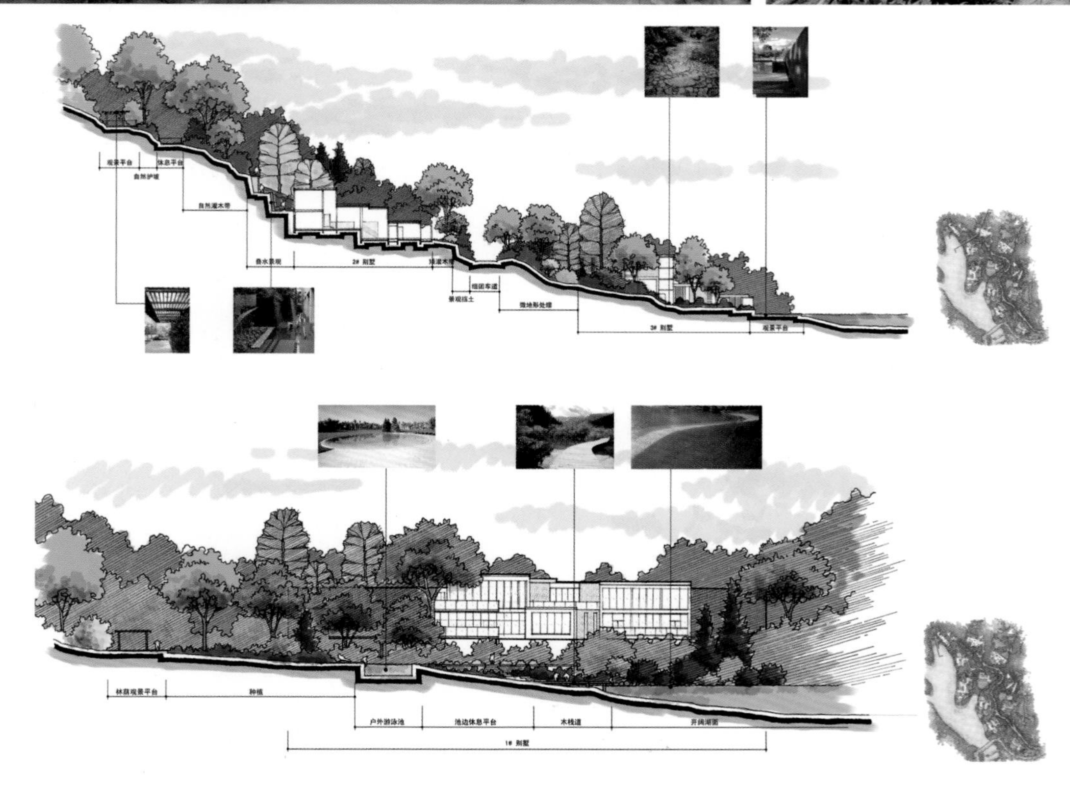
观景平台
休息平台
自然护坡
自然灌木带
叠水景观
2# 别墅
组团车道
景观挡土
微地形处理
3# 别墅
观景平台
林荫观景平台
种植
户外游泳池
池边休息平台
木栈道
开阔湖面
1# 别墅

乔灌木带
草坪
乔灌木带
6# 别墅
亲水空间
景观挡土墙
7# 别墅
微地形处理
组团车道
景观挡土墙
微地形处理
休闲草坪
户外客厅
登山步道
乔灌木混合林
草坪
户外餐厅
游泳池
5# 别墅
入口景观
入户车道
组团车道
挡土坡
组团车道
挡土墙
乔灌木混合林
草坪
4# 别墅
起居平台
庭院步道
户外客厅
自然山地
休息平台
观景平台

南非House Ber · 庭院水景

两池环绕

项目类型：别墅
项目地点：南非米德兰

设计单位：Nico van der Meulen Architects
设 计 师：Nico van der Meulen

采　　编：谢雪婷

整体景观设计概括：现代简约风格

本案位于南非米德兰地区，是由Nico van der Meulen建筑事务所的Werner van der Meulen设计的现代住宅。设计师考量了房主现代的生活方式并以此为设计理念，设计了长方形的整体外观，另外设计了围绕主客厅而建的池塘和泳池，通过大量使用玻璃门窗为室内增添透明感。

项目整体风格采用了现代风格，增加了很多几何图案元素的摆设和当地的景观植物，将整个项目的景观都点缀得简约大气。

水景的设计手法和特点：两池环绕

本案通过围绕主客厅而建的池塘和泳池，展现出其独特的水景设计。业主可以从停车门廊走过锦鲤池，走到前门，穿过大厅、餐厅和家庭娱乐室，然后到达房子北侧的游泳池。锦鲤池和游泳池水景和屋外景观、客厅、饭厅连成一片，构筑成一道独特魅力的风景。

大玻璃折门将室外园林水景引入，添加了南非当地热带植物大仙人球点缀在旁，潺潺的流水从客厅处流出，缓缓的将房子环抱起来，让业主置身于现代非洲丛林般的景观环境中。另外在阶梯的位置，把石材用不同的加工方式打造出流水的感觉。

48

马利纳尔科私人住宅 · 庭院湖景

曲线窜连

项目类型：别墅
项目地点：墨西哥
设计单位：Grupo de Diseno Urbano
设 计 师：Mario Schjetnan, FASLA
采　　编：张雅林

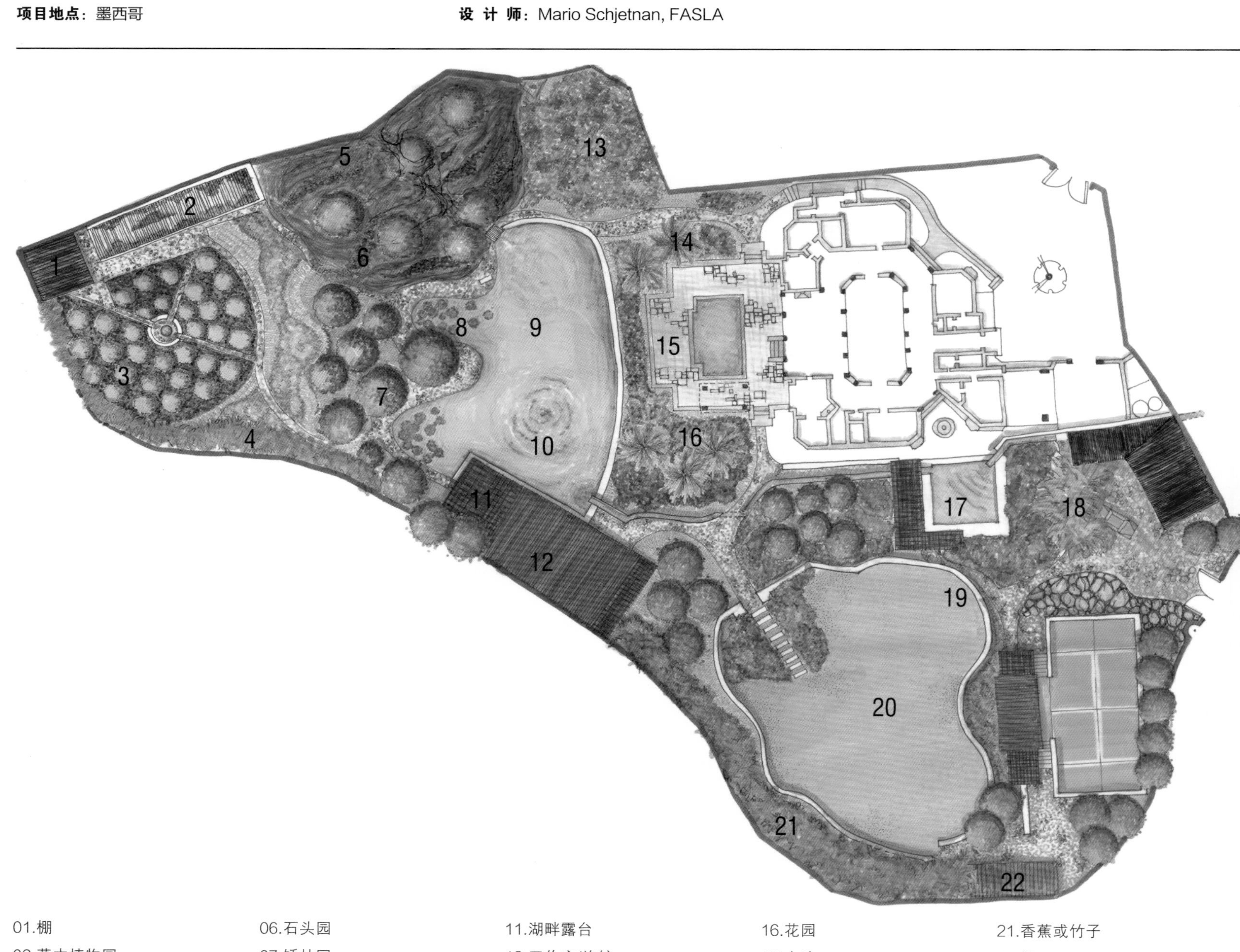

01.棚
02.草本植物园
03.柑橘园
04.香蕉或竹子
05.岩层
06.石头园
07.矮林园
08.睡莲
09.湖
10.喷泉
11.湖畔露台
12.工作室/旅馆
13.生态园
14.棕榈树
15.泳池露台
16.花园
17.水池
18.树林
19.石墙
20.草坪园
21.香蕉或竹子
22.棚

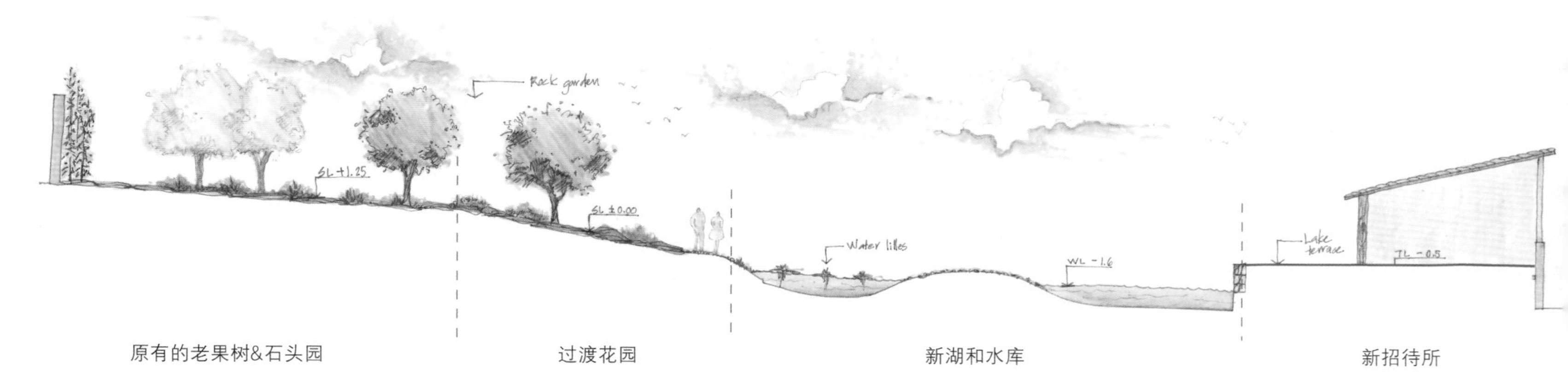

整体景观设计概括：西班牙风格

马利纳尔科私人住宅位于墨西哥马利纳尔科山谷的南端，是一幢西班牙殖民地时期风格的建筑。具有历史价值的建筑和绿色雨林植被等充满神秘气氛的元素使项目成为一个休闲、放松的度假居所。

本案的客户，是一对美国的商人夫妇，希望在原有建筑的基础上建造一个招待小屋、小湖、网球场和一个宽阔的新花园，作为现有住宅的延伸。在项目周边的开阔空间由一连串过渡性的花园和平台组成，给业主提供了多种不同的空间感受。新花园种满了热带花草，有着浓厚的西班牙风格景观特点。

水景的设计手法和特点：曲线窜连

根据规划，本案景观设计的一个首要目的就是对水的回收和利用。项目保留着古老的露天灌溉水渠，原有水道是古代“apantles”的一部分，包括小型水库、水道和瀑布，形成了概念上的花园水景。

在湖的另一侧，有一块被特意抬升起来的区域，从而形成了一块洼地丛林。这里远离住宅楼，设有一系列橙色的灯笼，常年吸引各种蝴蝶，此外还有龙舌兰植物群落和石堆。柑橘园和菜园子被安排在地块的一边，使其成为树木数量最多的地方。

新的招待小屋和露台都安排在湖畔。原有的泳池露台被扩大，与花园和小湖相连。马利纳尔科住宅集中了过渡自然的花园、露台、小湖，为空间和各种规划布局提供了无限的体验。

金地湖山大境·湖景

递进式水域空间

开 发 商：金地集团
项目类型：别墅
项目地点：东莞市
设计单位：杭州安道建筑规划设计咨询有限公司
设 计 师：夏芬芬、焦清合、张伟伟
采　　编：盛随兵

整体景观设计概括：法式风格园林

金地湖山大境在景观设计中，突破传统度假模式，以度假复合社区的功能构架为基础，以奢华、自然的度假酒店园林形式作为景观主线，结合简约的法式风格，通过规划、景观、建筑与自然的融合，实现生态资源的共享。

湖景的设计手法和特点：递进式水域空间

在本案中，设计师力图挖掘场地丰富的景观元素，以纯天然的山湖为依托，结合法式的新古典造园风格，并运用递进化的水境理念串联成律动的水域空间。

规划设计充分利用地势的高差，引湖水入园，以景观游泳池，坡地水景和瀑布的形式扩充湖岸花园和私家庭院的景观功能，使每一户均享湖景资源。通过开敞的前花园和精致的湖岸花园的设计，将原生态的山湖打造成为如同皇家行宫般的生活乐园。

香颂湖国际社区 · 湖景

三“水”归一

开 发 商：海航集团
项目类型：别墅
项目地点：成都
设计单位：LANDAU朗道国际设计
采　　编：盛随兵

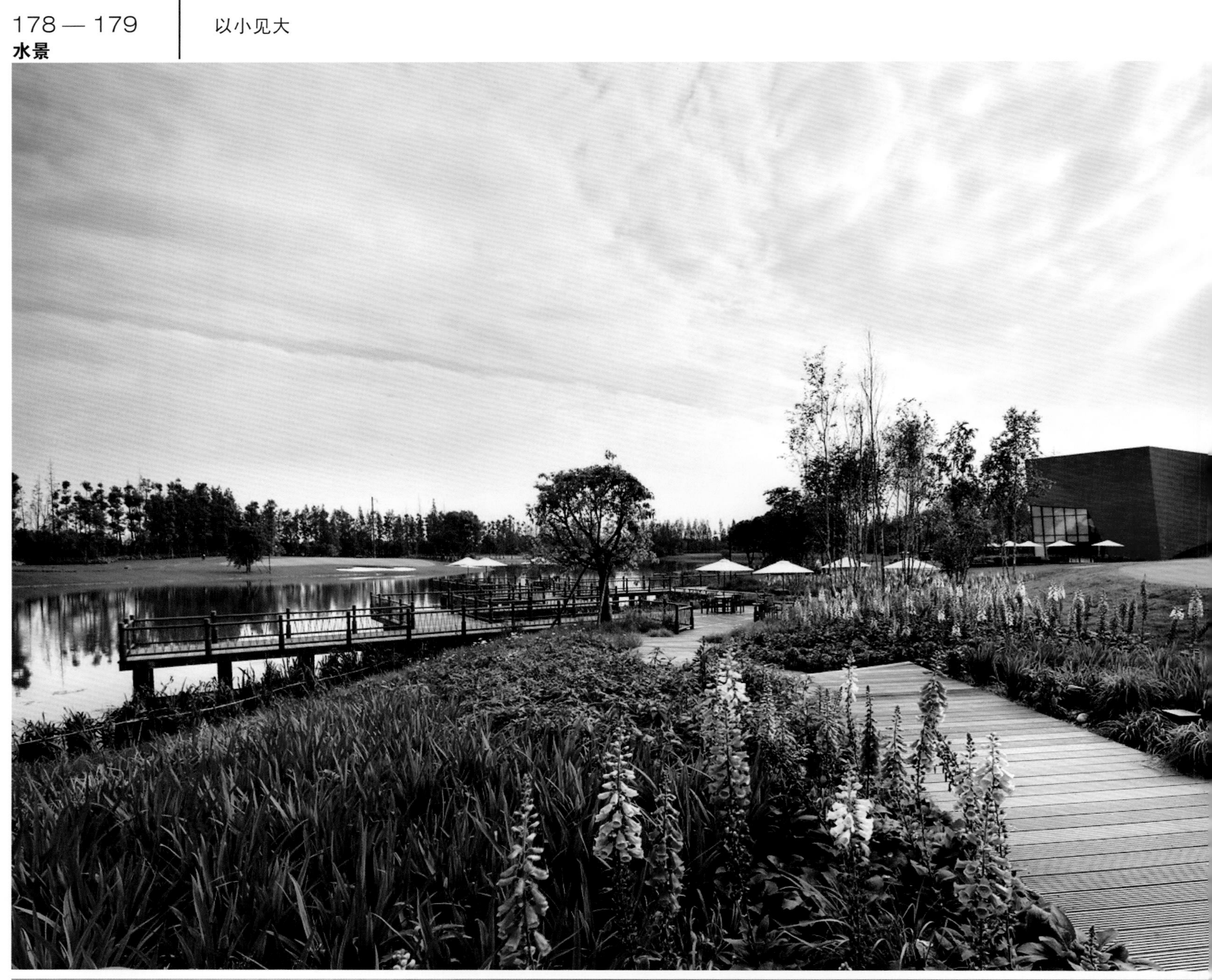

LOHAS TOWN

整体景观设计概括：托斯卡纳风格

香颂湖国际社区采用地中海式风格中最具代表性的托斯卡纳风格——原生态的建材、古老的装饰、苛刻的细节刻画，营造出粗狂、坚硬的野性之美。因此，项目在整体景观环境的设计中，旨在营造一种阳光灿烂，既雍容古典又不失自然亲切之美的风情小镇景观。

在景观环境的打造上始终遵循两大造园原则：弱化人工痕迹，纯手工打造；从人性角度出发，打造参与性强的园林，使人与景观不仅是欣赏与被欣赏的关系，而是融入与被融入的关系。

为了体现托斯卡纳风格氛围，通过采用天然材料，如石头、木头和灰泥来表现景观的肌理。在一些小品设计上，采用了一些地中海的构成元素，让人感受着浓郁的地中海风情。

水景的设计手法和特点：三“水”归一

项目在水景的设计上极为注重“活水”的运用。人工河流均直接从金马河引水，保证了项目内水景绝对是“活水”。而在水源的处理上，香颂湖突破了传统项目直接引入河水的设计，而是采用纯自然的河水通过沉淀、自然过滤形成清澈的活水，保证水质的长期洁净。

现存的三个入水口，水通过它们进入社区。经过沉降池和过滤池，为的是对水进行机械和生物的净化。之后水体通过一个分支不多并适应地形的有阻滞水面和城市意向的水渠，最终水体会在地块的南端汇聚而重新流向黑石河。地下水湖不会和整个水系相通，这样地下水的水质就不会受到影响。

在这些与天然河水有效相融的内河，将整个项目分割为十八个独立岛屿，香颂湖的绝大多数别墅，都沿河而建，环岛而居。

恒大金碧天下·广场水景

多样式水系广场

开 发 商：恒大地产集团重庆有限公司
项目类型：住宅
项目地点：重庆市
设计单位：深圳市赛瑞景观工程设计有限公司
主创设计师：丁炯、Tristan
设计师团队：黄义盛、Olan、程芳、王玮
采　　编：李忍

整体景观设计概括：欧式山地园林景观

重庆恒大金碧天下以中世纪欧洲山地小镇的经典景观为创意原型，打造以湖泊、溪流、山丘、树林为自然背景，以休闲、度假、会议为主要功能的特色小镇。临近建筑的区域以传统欧式园林设计手法为主。自然生态公园及湖泊周边则以英国自然式园林为蓝本，更强调自然与生态。整体在欧式园林传统用材基础上略偏自然化风格，强化同类性质建筑之间功能联系、以水面为中心的建筑之间的景观联系、建筑与山景的视觉联系。

水景的设计手法和特点：多样式水系广场

路口设置的雕塑及喷泉成为广场的焦点，再以水渠的形式延伸至商业中心，使广场与商业中心两者之间取得联系。广场入口以景观灯柱、花钵、树阵与特色铺装营造雅致氛围。

入口景观与湖相结合，利用高度差形成跌水、台阶，与湖面相联系，体现亲水性。入口两侧则设置高贵大气的雕塑水景与景墙，强调酒店的尊贵。酒店后花园与溪流结合，除了部分特色铺装外，均以自然生态的休闲景观空间，表现山谷酒店的幽静与从容。

建筑临水区域外扩，形成亲水休闲走廊，强化建筑与湖的联系。水体不但有湖，还有山涧溪流、小河等。在水体与建筑相邻处以生态硬质驳岸为主，而自然岸线则以软质驳岸及浅滩、乱石为主，突出水体的自然生态特征，体现自然生态景观。

368
363
355.5
412

婺源裕和婺里·滨水景观

跌水高差突显景观层次

开 发 商：婺源县裕和置业有限公司
项目类型：度假酒店别墅
项目地点：江西
设计单位：房木生景观设计（北京）有限公司
设 计 师：房木生、吴云、乔文轩、刘辉、周苏帆、孟茹、王焕焕
采　　编：张培华

整体景观设计概括：现代中式三重景观空间

本案地处徽州地区，整体景观设计风格为现代中式，设计主题为将人工景观返景入自然。在建成的样板区景观中，设计师分别在导入空间、身处空间及借用空间等方面，结合项目所处环境，通过景观设计介入到自然之中，实现人工与自然的共生。

在导入空间中，设计师结合现状地形，分别设计了车行、人行及舟行三条平行却又非同寻常的体验道路，从而将自然风景和人文景观串联起来。

在身处空间内，设计师将游泳池、水池通过休息廊架、亭子等元素，巧妙地与环绕的真山真水结合起来，让身处其中的空间有多重山水空间环绕。

在借用空间方面，设计师将项目所在的地形地势巧妙地借入设计内容中，借入人工廊亭所构成的框景中，并与人工水面上石头搭建出来的“山景”相得益彰。

滨水景观的设计手法和特点：跌水高差突显景观层次

项目巧妙地将景观水景和游泳池水景穿插并置，采用跌水高差的设计手法，增加了景观层次。通过高差控制和不同方向的流动，项目的水景被造就出了与旁边自然水景完全不同的形态：浅、透及宽窄不同的变化，人工水景给人以易亲近而精致的感觉。同时，大片的水面，倒影着远山近水，也为对自然的借景贡献了力量。

在植物的选取上主要有茶树、杜鹃、桂花、竹子、水杉等，营造了一种既具有乡土特色，又现代时尚的休闲氛围。L形的高廊与独立翼然于水上的亭子，相互配合，有机而灵动。在亭廊的设计中，钢和塑木、玻璃等的运用，造就了挺拔、轻灵、透亮的人工空间。

华瀚国际·中心水景

四条水系归一化

开 发 商：华瀚投资集团有限公司
项目类型：住宅
项目地点：北京市
设计单位：北京麦田景观设计事务所
设 计 师：纪刚、田丽、任忠、王娜娜
采 编：张培华

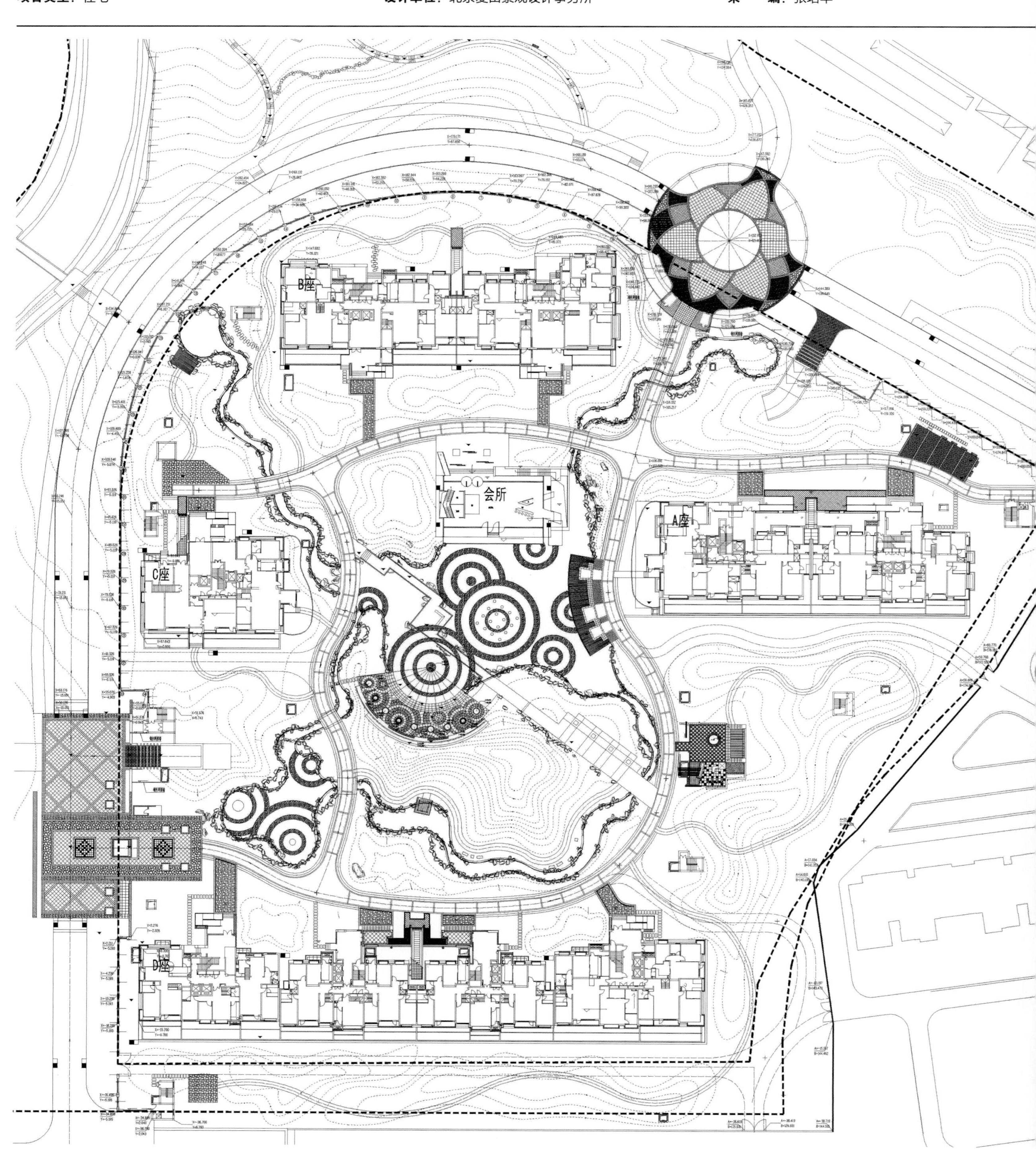

整体景观设计概括：山地与水景结合

华瀚国际居住区为典型的城市型现代豪宅，整体风格尊崇典雅、自然生态。景观结构秉承山水相依的规划格局，意图通过自然山水营造一种“新生活的纯美之境”。通过“山地+水景”的方式构建起整体的景观骨架，在此基础上增加小品、种植等细节的营造，成就其作为城市豪宅更为生态、舒适的尊贵品质。

滨水景观的设计手法和特点：四条水系归一化

整个景观分为四个主要景观区,其中悠然伴湖景区为园区的景观核心，是由四条水系贯穿全园，最终汇集于此。该区以滨水为主要特色，结合水景特色着力营造伴湖、拂溪两个滨水主题区,并采用跌水、喷泉、水幕墙等多种手法增加景观灵动性。

入口主要以金色的银杏树阵和澄净的白桦林为主，中心主景观以山体自然式种植为背景，丰富的植物品种营造都市中的自然景观。景观小品以暖色系为主，采用自然质朴的材质：页岩、石板、花岗岩等。不同铺装材质之间的无缝衔接，地雕与主题空间的和谐契合，植物与小品的相互辉映，打造出与整体景观风格相一致的高贵优雅气质。

天安曼哈顿·入口区水景

曲线水系

开 发 商：香港天安集团　　**项目地点**：无锡　　**设 计 师**：夏芬芬

项目类型：住宅　　**设计单位**：杭州安道建筑规划设计咨询有限公司　　**采　　编**：盛随兵

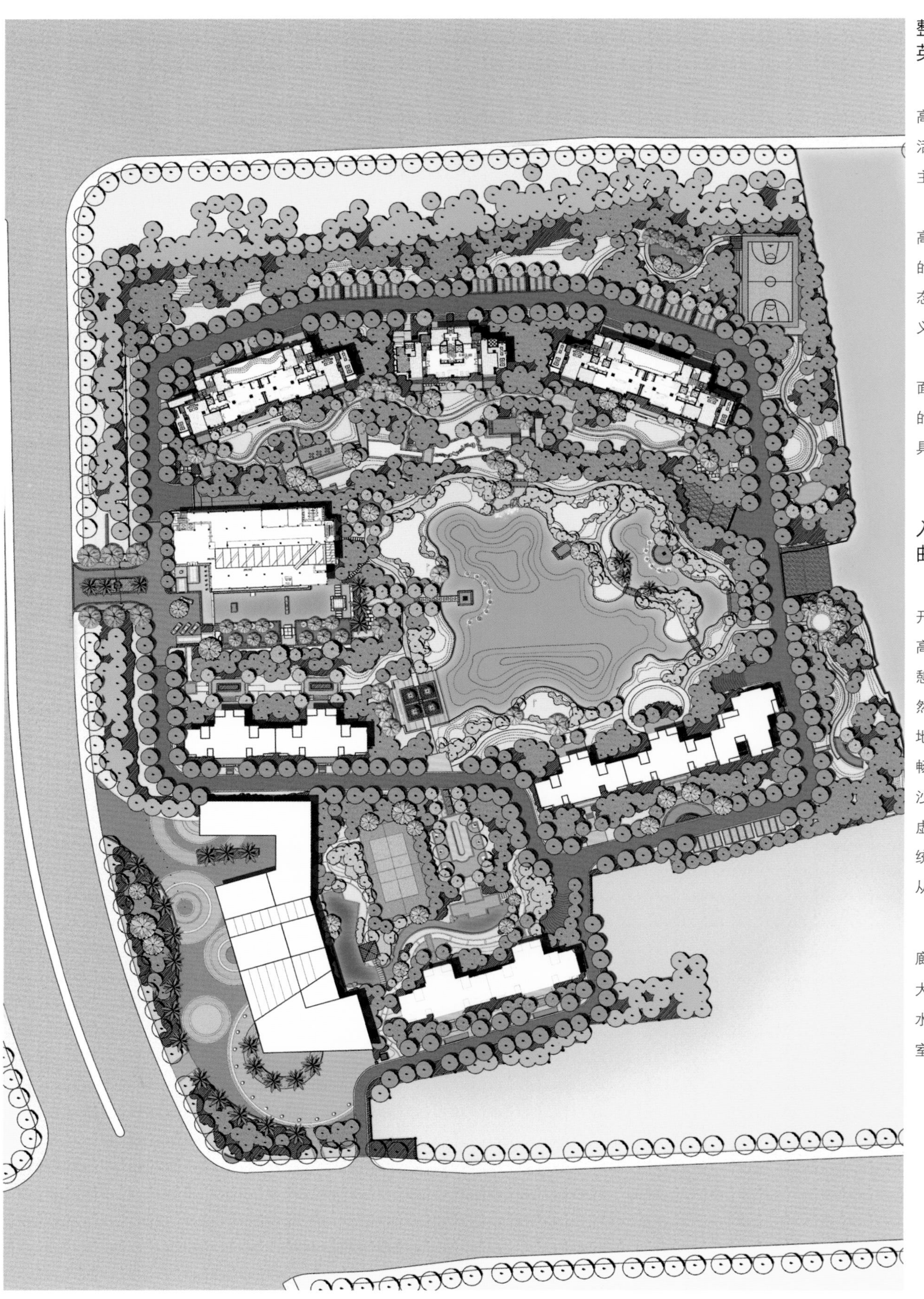

整体景观设计概括：英伦浪漫式花园空间

项目定位为无锡顶级社区，设计师从高尔夫所代表的亲近自然、平静安详的生活状态出发，将艺术性、功能性结合了业主提出的要求和对项目未来的构想，把“果岭”作为设计的线索。所谓果岭，是高尔夫球运动中的一个术语，指球洞所在的草坪。并以一种人工“自然”的景观形态植入建筑的场所之中，将通常公共意义上的“公园”概念纳入社区，并形成“家”的私有属性。通过流畅的曲线，大面积的缓坡草坪，通畅简洁的空间，散置的构筑物，水墨画般的水中倒影，打造出具有英伦浪漫式花园的禅意空间。

入口区水景的设计手法和特点：曲线水系

整个社区围绕着入口区域的水系展开。社区内部的景观设计，利用4米的地势高差制造跌水景观。水池表面放置露天休憩平台，周边以常绿乔木做背景，配以悠然蜿蜒的草坪小径，舒缓与柔软恰如其分地表达出了项目所具有的优雅感，同时流畅地将草地、树木、湖泊、溪流、跌水和沙地等元素串联起来，形成了层次丰富、虚实相构的空间关系和自然生态的景观系统，使得人们在行走散步之时可以观赏到从高处跌落的水景。

会所南面景观以水域、平台、树阵、廊架等元素为主题，相互配合形成静谧而大气的空间。树木植被的四季变化与镜面水景的交相呼应，为社区提供了情景化的室外休憩氛围。

天安·曼哈顿

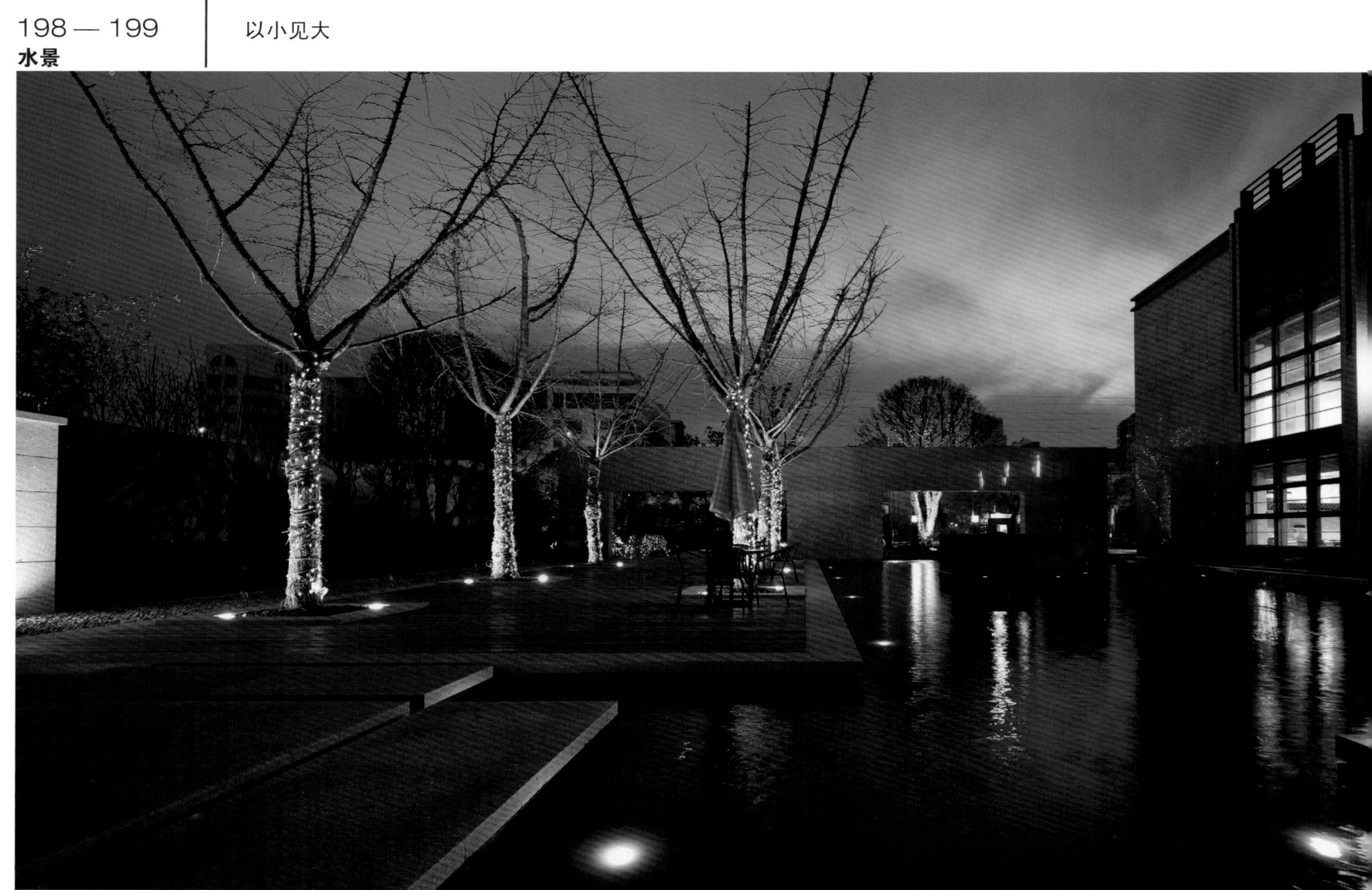

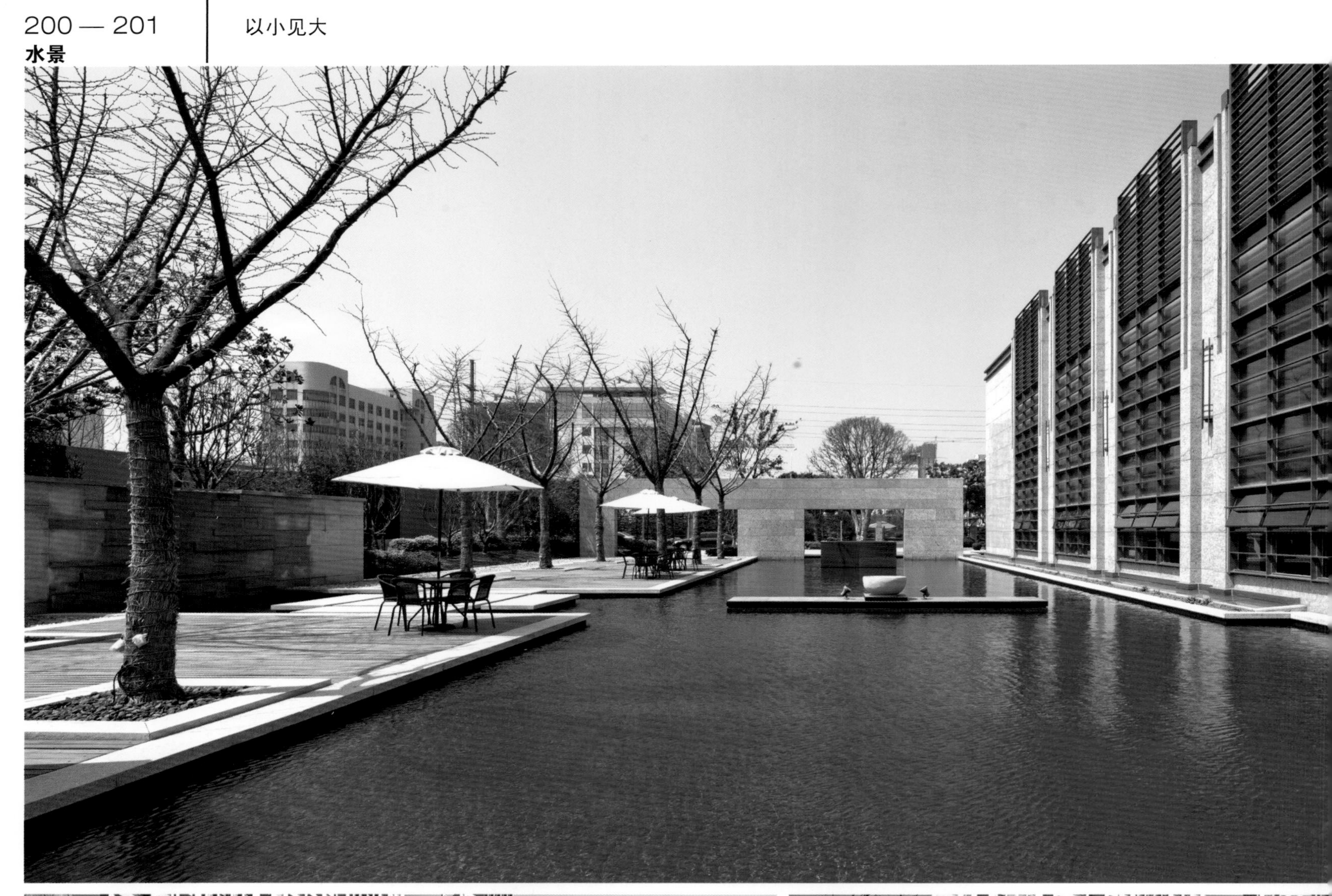

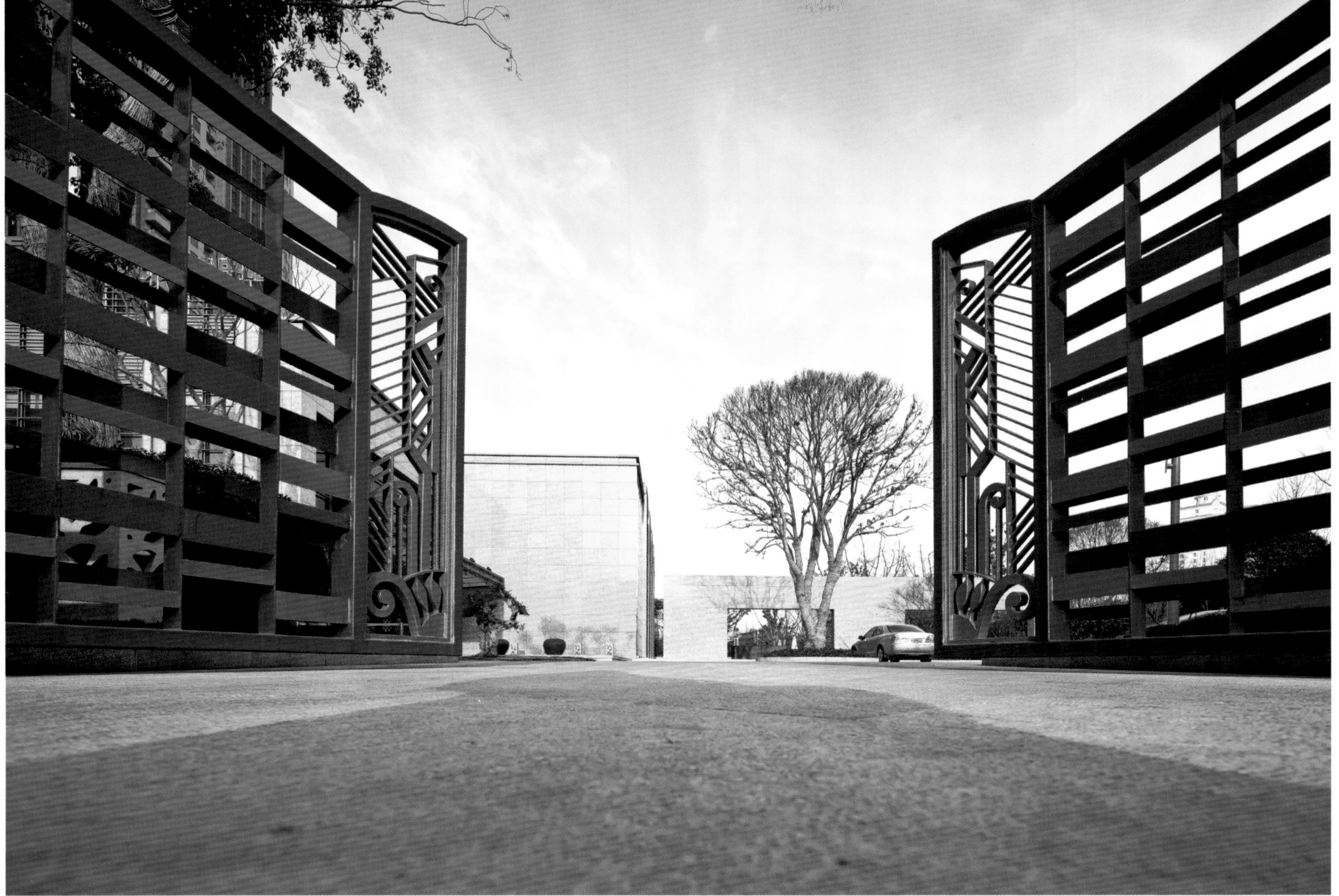

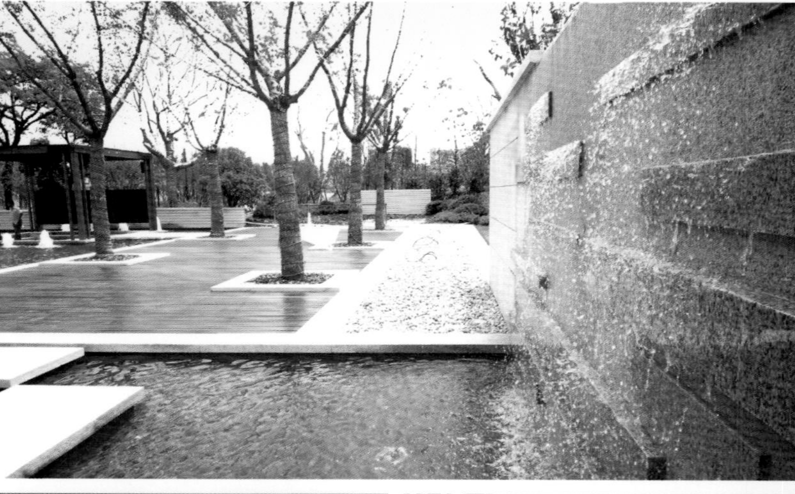

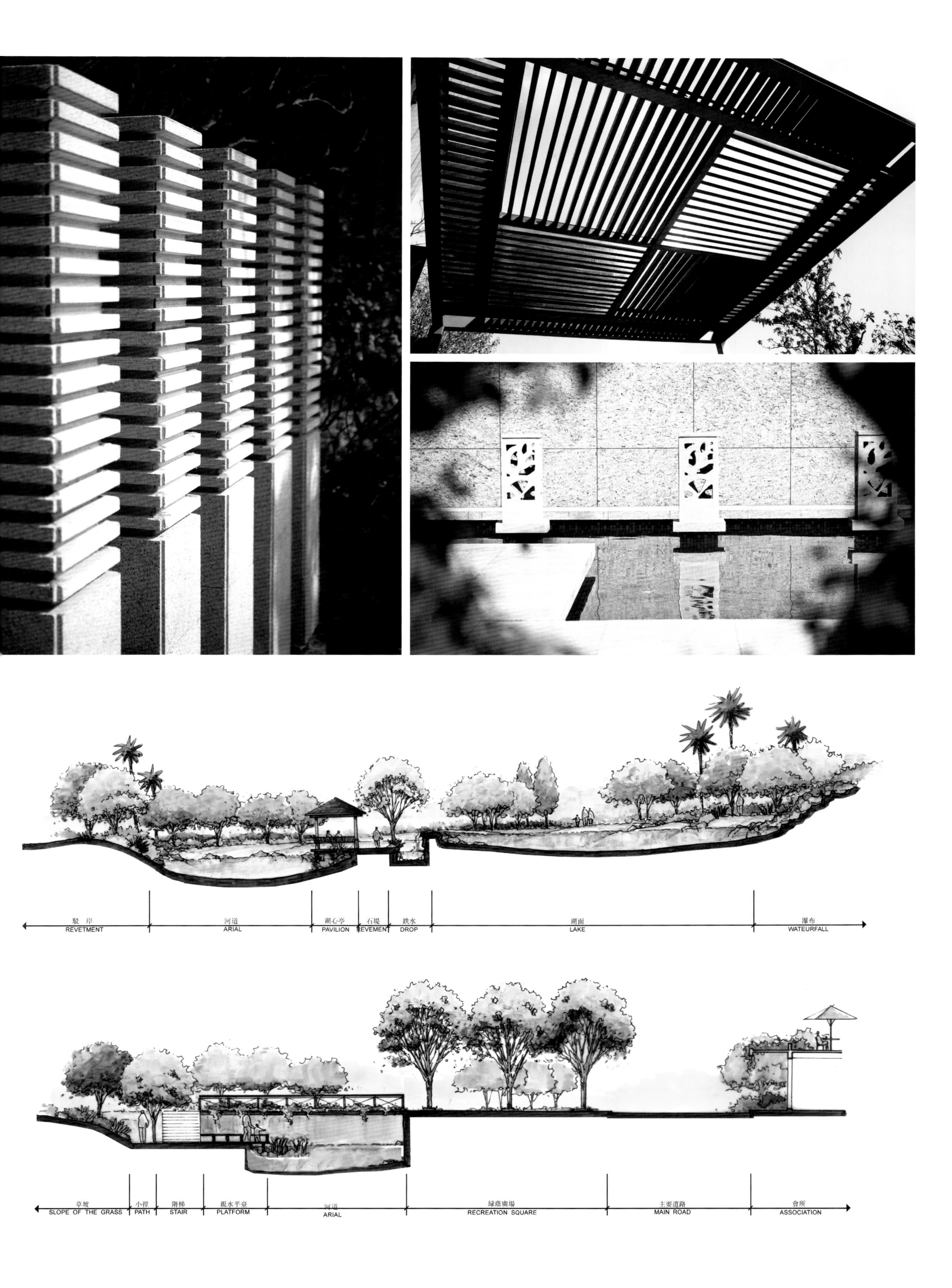

駁岸
REVETMENT
河道
ARIAL
湖心亭
PAVILION
石堤
REVEMENT
跌水
DROP
湖面
LAKE
瀑布
WATEURFALL
草坡
SLOPE OF THE GRASS
小徑
PATH
階梯
STAIR
親水平臺
PLATFORM
河道
ARIAL
绿蔭廣場
RECREATION SQUARE
主要道路
MAIN ROAD
會所
ASSOCIATION

高发西岸花园二期·中心水景

自然曲折

开 发 商：深圳市高发投资控股有限公司
项目类型：住宅
项目地点：深圳
设计单位：奥雅设计集团
采　　编：盛随兵

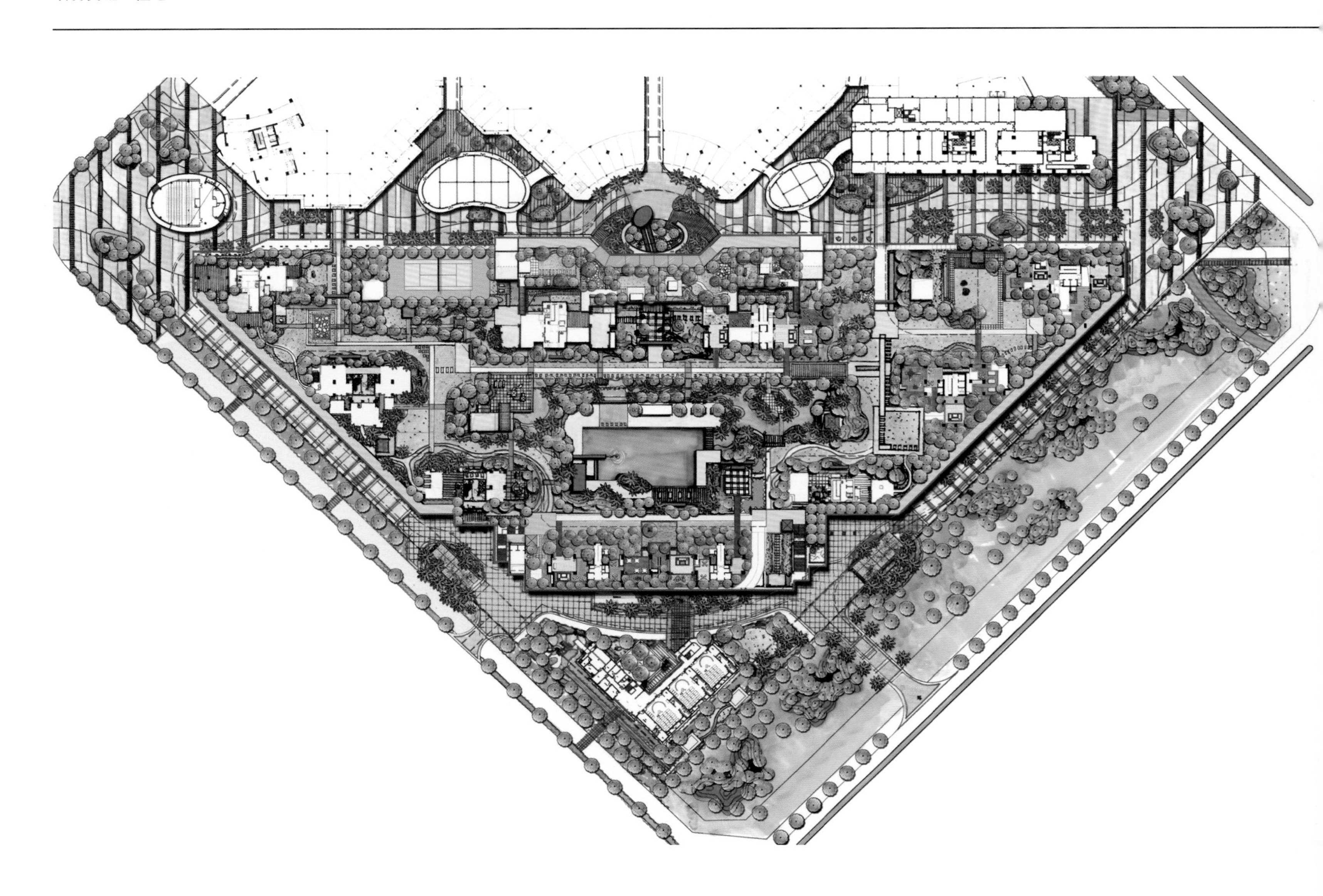

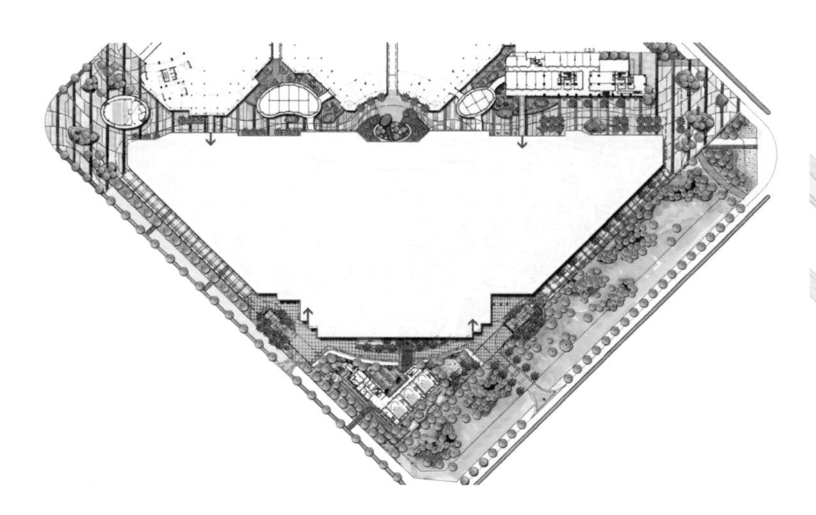

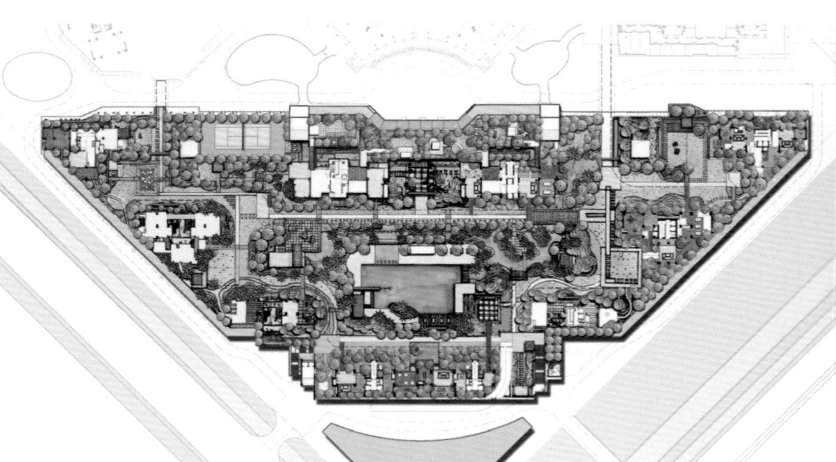

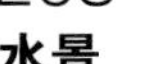

整体景观设计概括：现代简约

高发西岸花园二期以现代简约的设计手法演绎新亚洲度假酒店风情的景观空间，提供给人们最奢华、最舒适的景观环境，保证了景观与建筑的协调统一。主要道路以简洁的直线构成，辅以自然、曲折的水体形式，构成了活泼、轻松的景观平面，整个场地以灰、白色为甚调，水的蓝色、植物的绿色和构筑物的木色为中间色，黄色和黑色的景观小品点缀其间，既保证了整个色调的协调统一又不失变化。

中心水景的设计手法和特点：自然曲折

高低起伏的自然坡地环境使项目在水景设计中以曲折、自然、连续为原则，并设置充满浓郁热带风情的植物来丰富水岸线景观。如运用一些亲水色叶植物，与其它植物相互搭配点缀于水岸边，从色彩上丰富水边植物群落；运用一些大叶或形态特殊的垂叶植物，软化丰富水岸线；选用不同叶型的植物，使水岸植物群落更加丰富多样，自然野趣，增加观赏性，营造独特的水岸氛围；水中种植一些水生植物，如再力花、睡莲、旱伞草等，丰富水面及水岸线，可点缀在拐角处或视线焦点。

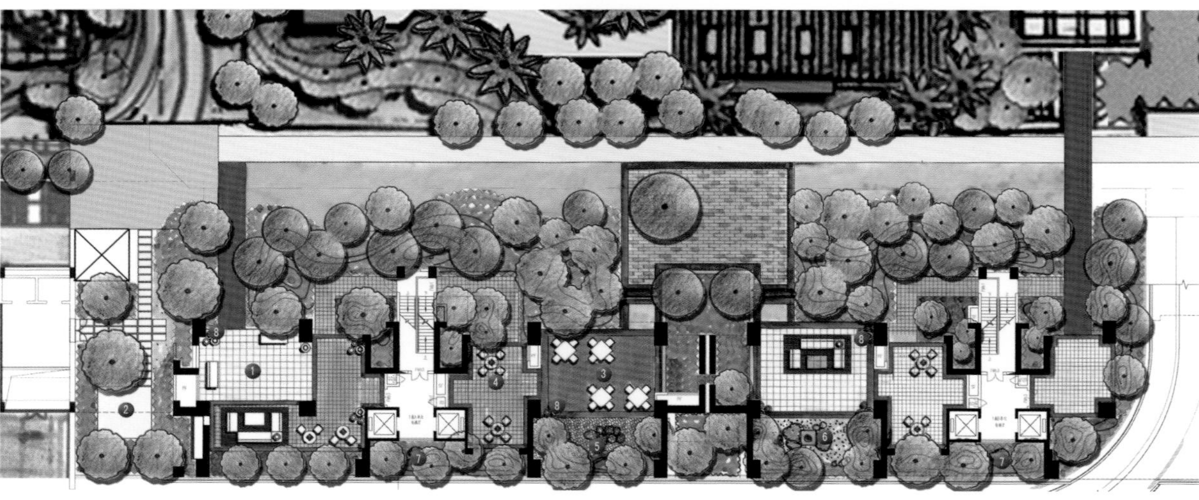

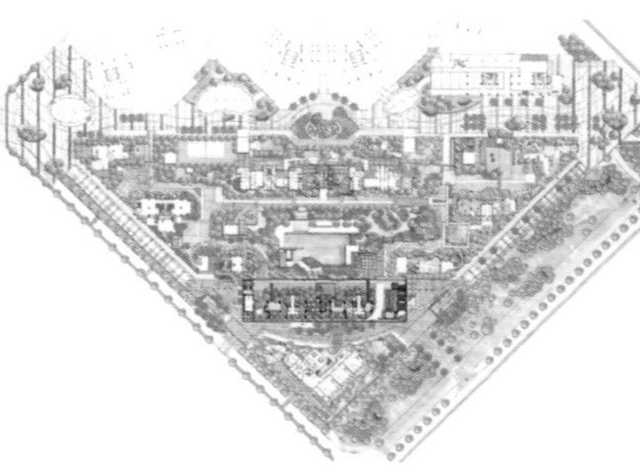

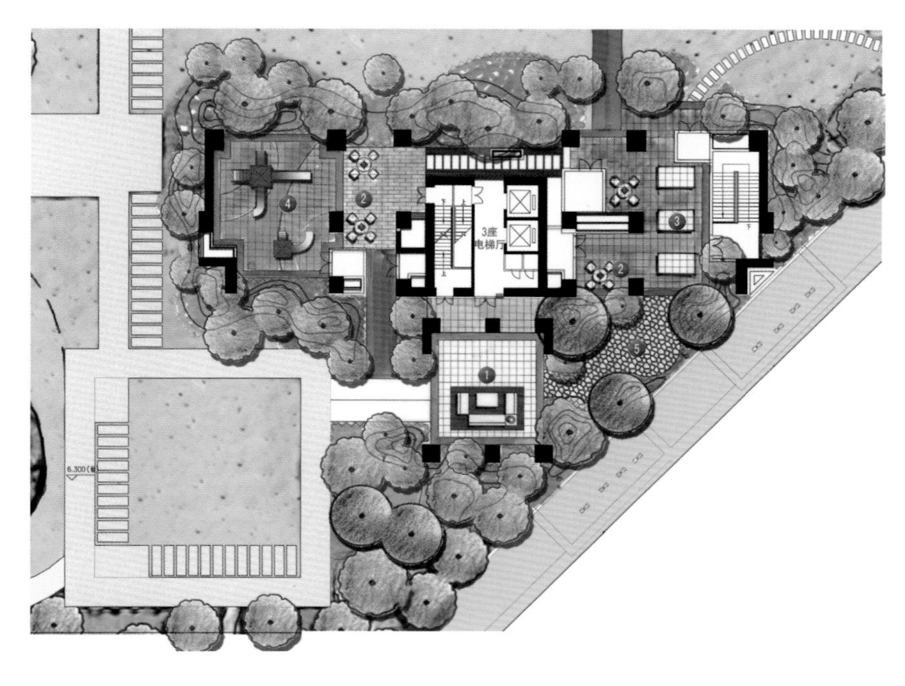
3座
电梯厅

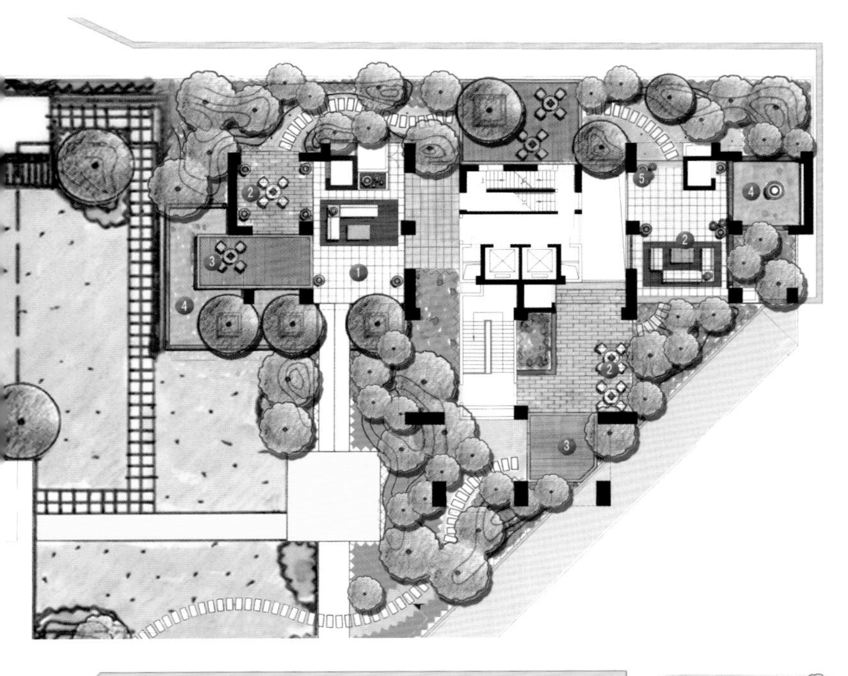

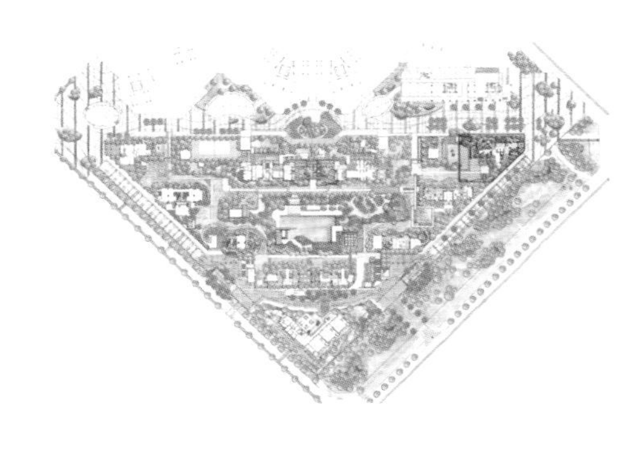

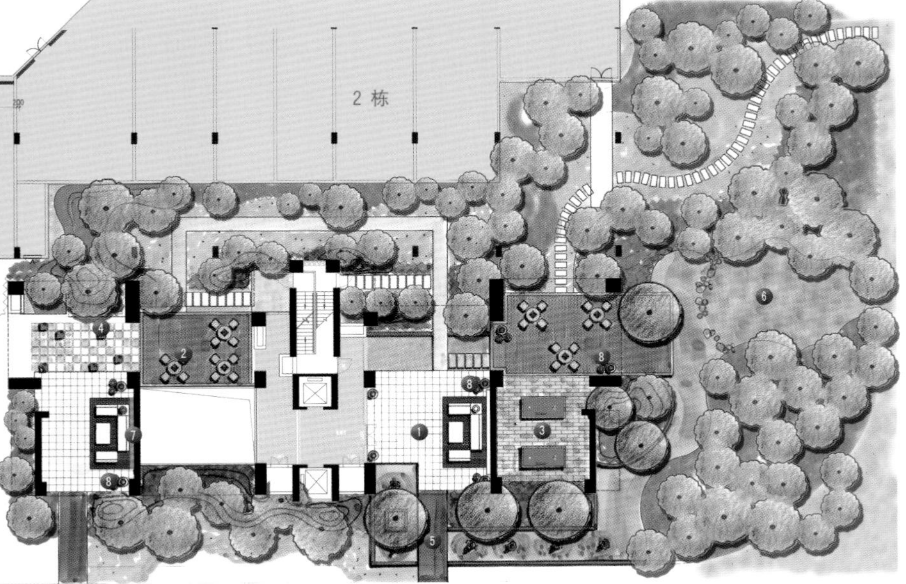
2 栋

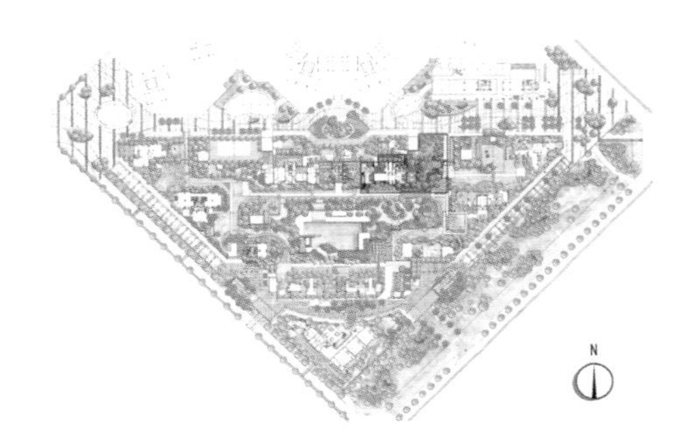
N

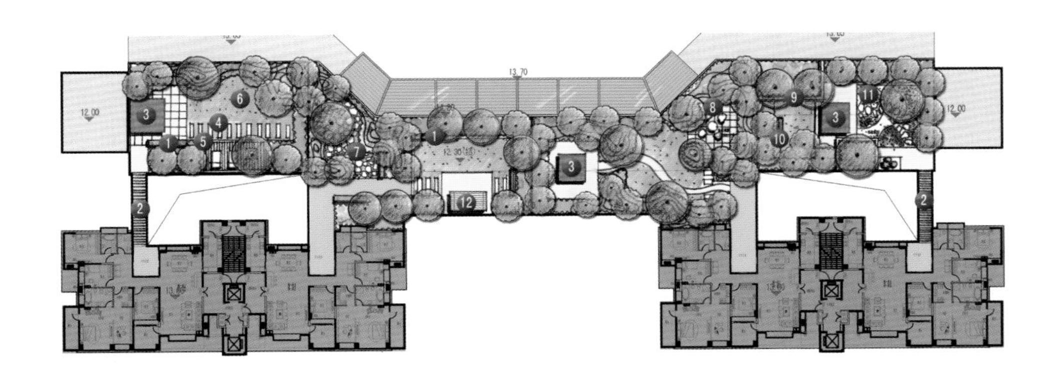

3 栋
N

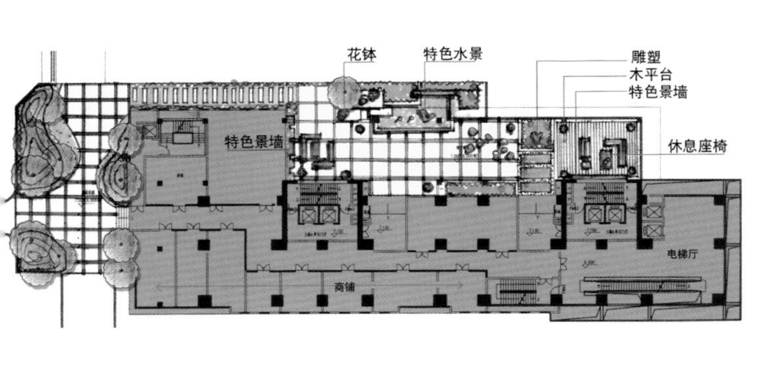
花钵
特色水景
雕塑
木平台
特色景墙
特色景墙
休息座椅
电梯厅
商铺

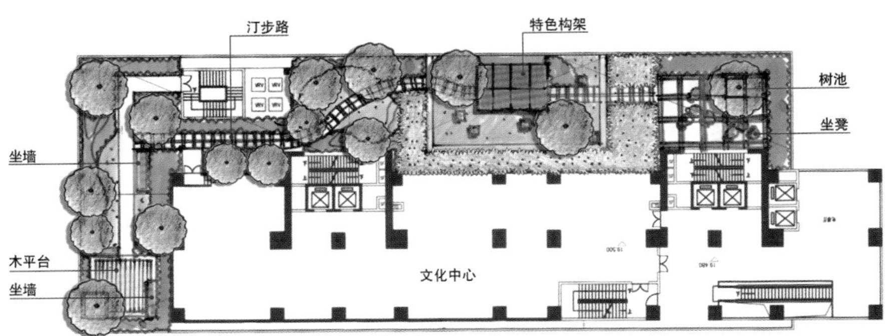
汀步路
特色构架
树池
坐凳
坐墙
木平台
坐墙
文化中心

晋合世家·主轴水景

隐喻式水轴

开 发 商：晋合置业（武汉）有限公司
项目类型：住宅
项目地点：武汉
设计单位：析乘（上海）景观设计咨询有限公司
设 计 师：陈滨
采　　编：盛随兵

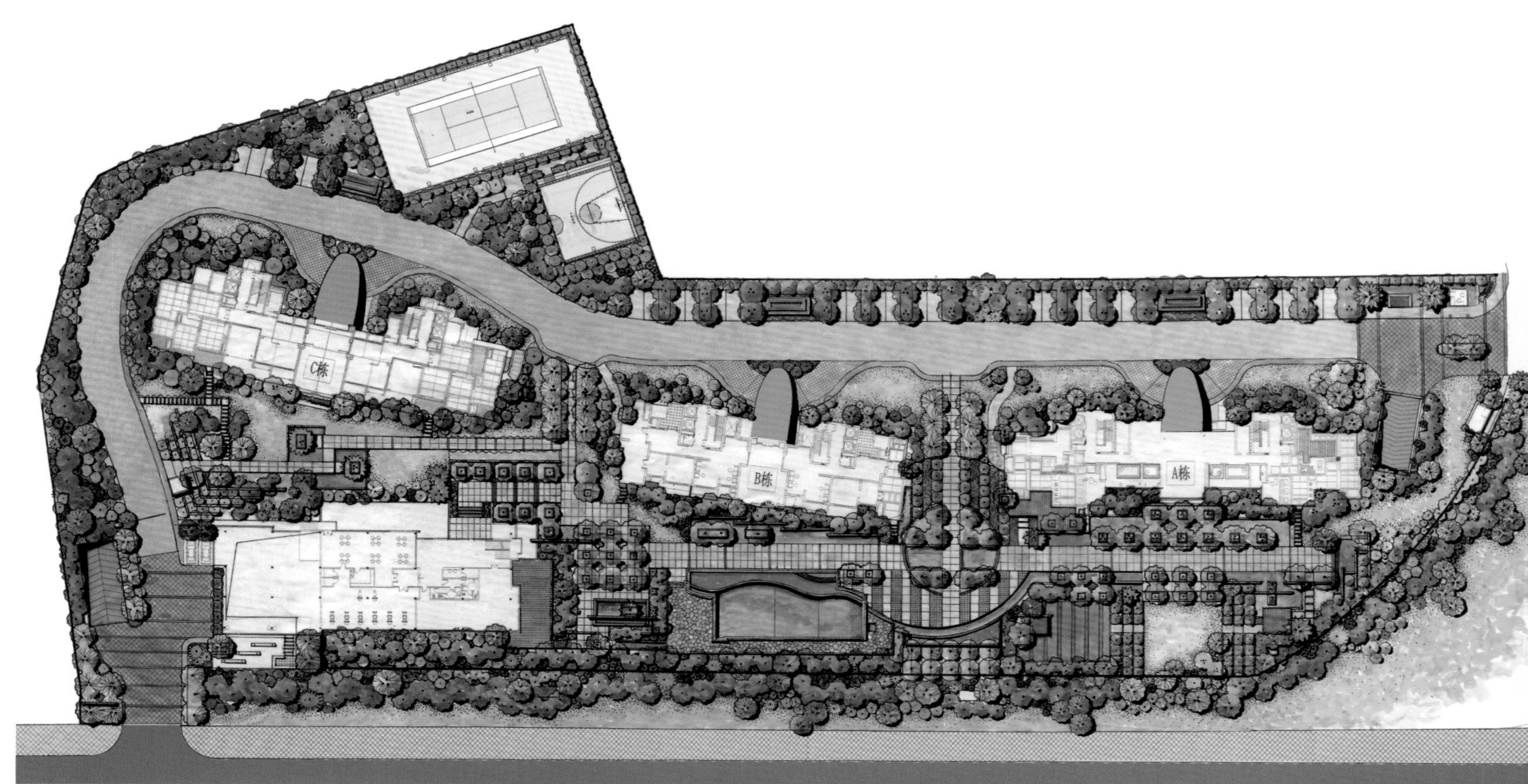

整体景观设计概括：“以大做小”的设计方式

有别于小场地景观“以小做小”的空间处理方式，设计师别出心裁地以一种“以大做小”的方式组织空间，即不过度分隔空间。因为通过类似曲线式、自然式的设计方式组织场地空间，虽然能使小场地分隔出更多的亚空间，而获得景观上的多元与变化，但将产生较多的“碎片化”场地，场地的参与性功能将受到不可弥补的损伤。

在深入考虑与4栋建筑的对应关系后，设计师巧妙地设置一条主轴线贯穿整个项目。轴线不仅强有力地组织了狭长的主景观区，在提供了一条由会所至3栋住宅楼快捷通道的同时，主轴串连起游泳池、戏水池、儿童游戏场、老人健身场、下沉草坪、架空层景观，宽达4米的主轴步道更作为一个可以散步、嬉戏的停留性空间，作为以上功能场地的外延，颇具参与的活力。

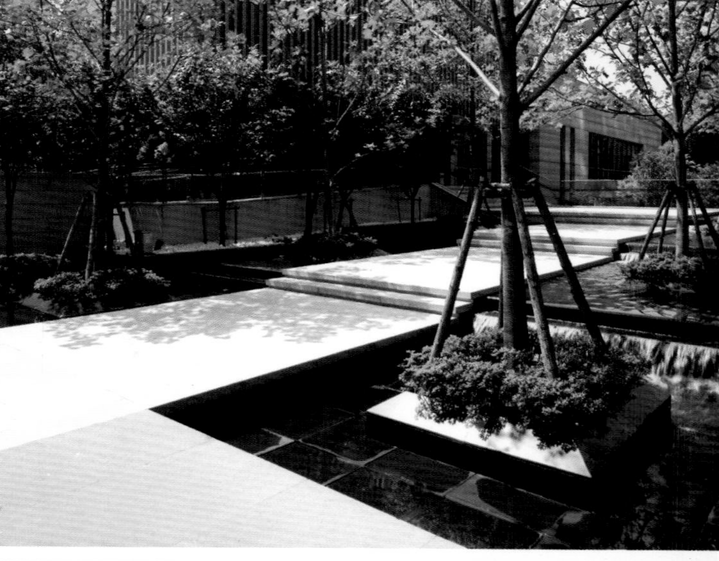

水景的设计手法和特点：隐喻式水轴

基于业主方对景观氛围静溢、活泼的定位，设计师将一系列的水景沿主轴展开，形成隐喻式的水轴。水景着重表现水的质感与灵动，设计师尽量避免复杂水景的不利点——喧哗感，除了泳池与戏水池的溢水墙意在活跃气氛外，其它水景都表达以静溢流淌的形态。

铺地材料中锈石、万年青和中国黑作为最主要的石材，设计师并不着重于铺地图案构成，而意在简单、巧妙地运用石材在规格、饰面及质感上的微妙变化，以简洁素雅的感受渗入整个氛围中。

即使在植栽设计中，设计师也强调植栽群体胜于对单株植栽的表现。在本项目中，植栽更作为组织、强调空间的元素。在这一原则下，设计师强调植栽在树形、颜色、质感上的选择与运用，也因此设计师多选用鹅掌楸、银杏、垂柳、竹子等乡土树种为骨干树种，并使其融入整体景观中，而非强调树种的名贵与稀缺。

风雅乐府 · 中心水景

江南水乡

开 发 商：杭州工信风雅置业有限公司
项目类型：公寓
项目地点：杭州
设计单位：杭州安道建筑规划设计咨询有限公司
采　　编：盛随兵

整体景观设计概括：师法留园

项目景观设计以苏州留园为蓝本，提出了
“水上水、园中园、院上院、楼中楼”等四大
居住理念，倡导中国人传统的游园、植院、
水和复式居住的生活理念，采用现代的手法
绎江南古典园林的人居意境，营造人与自然
互依存的诗意栖居环境。

“巧于因借、精在体宜”是古典园林
园的指导思想，设计师将这种思想加以继承
发扬，与现代手法相结合，创造出园林的新
象。通过设计现代形式的漏窗和现代材质的
断，产生相比古典园林更佳的隔断效果和虚
相间的视觉感受，达到中国古典园林中那
“犹抱琵琶半遮面”的隔断技巧，提升了居
区景观的观赏性。

水景的设计手法和特点：江南水乡

江南古典园林的奥妙在于山水真趣的
林意境。设计师吸取古代园林水景的空间写
特点，运用现代的构图手法，通过现代的水
建造技术，加强水的动态感，以池、堤、溪、
瀑布、叠水、喷泉等六种水景元素演绎亲水
怀，并结合亭、轩、桥等古典园林的景观
素，丰富其景观特质，营造出一种具有动感
抽象写意山水空间。

在小区内部有一条20米宽，290多米长
河流穿过，由于河流的地势存在一定的落差，
因此开发商利用此落差设计出一个20米宽、
米高的景观瀑布。在整个园区最深处，还有
个独具江南情调的水上里弄，为两岸的居民
新营造了江南水乡的生活氛围。

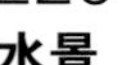

西小口会所 · 滨水景观
静水面设计

开 发 商：北京海欣方舟房地产开发有限公司
项目类型：会所
项目地点：北京
设计单位：笛东联合规划设计顾问有限公司
采　　编：张培华

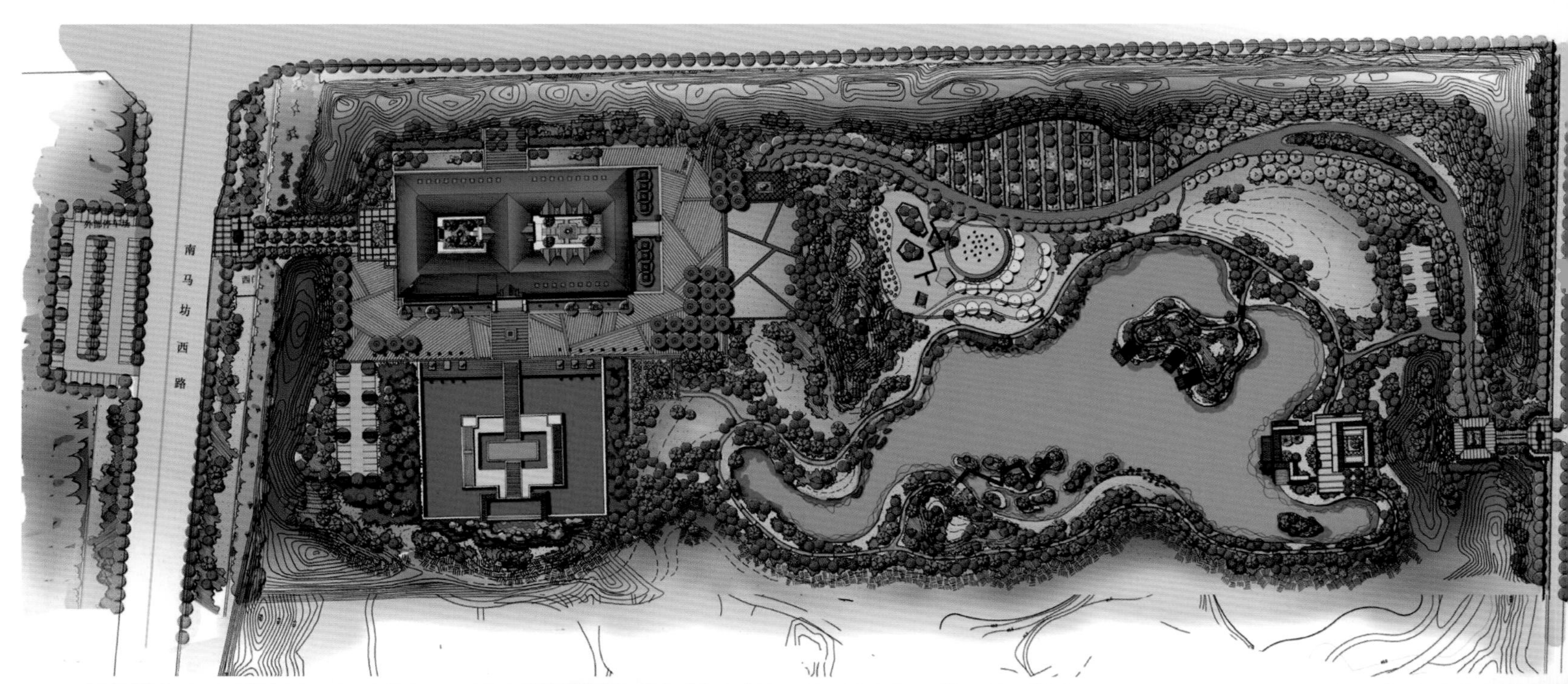

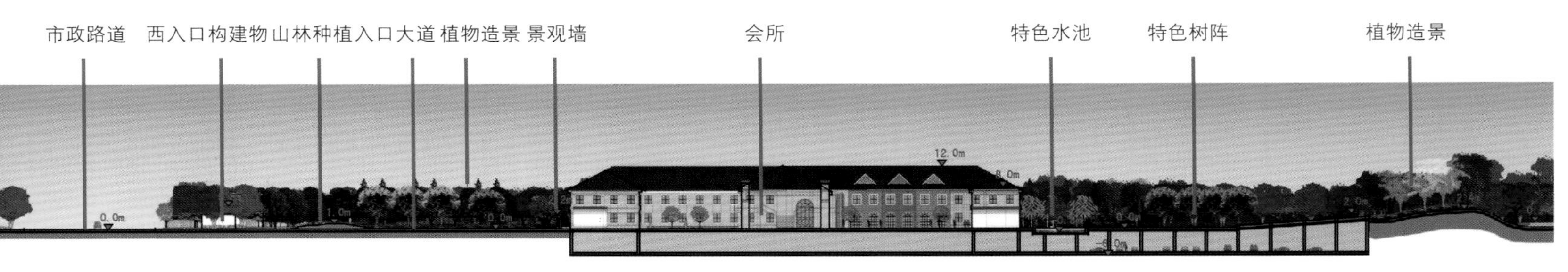
市政路道
西入口构建物
山林种植
入口大道
植物造景
景观墙
会所
特色水池
特色树阵
植物造景
12.0m
8.0m
0.0m
市政路道
会所西入口大道
会所西庭院
会所
会所东门景区
会所东广场
覆土车场
山体

整体景观设计概括：中式园林景观空间

西小口会所位于北京市海淀区西小口绿化隔离区内，北面是居住区，南部是废水处理场，西面靠近星光幼儿园，东北临高尔夫球场。规划用地面积16万平方米，建筑占地约1万平方米，现有水面2.3万平方米。项目结合现状地形，保留原有山石，在其基础上营造奇石置景，同时将中式元素融合到景观设计当中，打造简约中渗透古朴、大方的景观空间。

景观设计从功能、人文与生态等层面出发，强调尊崇优雅、自然唯美的特点，采用先收后放、以小见大、障景、借景等空间处理手法，形成多层次、多空间、相互渗透、互为景观的园区效果。

滨水休闲景观的设计手法和特点：静水面设计

概念构思充分依托人文与自然资源，以现有山水格局以及建筑规划为依托，以原有湖面水景为核心，以景观大道和滨水休闲道为纽带，整合会所周边与高端户外休闲两大景观区域，精心打造集文化艺术交流，休闲娱乐为一体的生态人文休闲港湾。

在滨水休闲景观的设计中，首先利用现有山水骨架，营造社区的生态性；其次在建筑周围设计规则式水景，使水景对建筑形成一个很好的衬托；最后在中央大舞台周围设计静水面，使水景与舞台交相辉映。通过以上三种水景设计手法的应用，无一不是为了表达景观所追求的儒雅和超凡脱俗的人文思想，体现该项目的高尚品质。

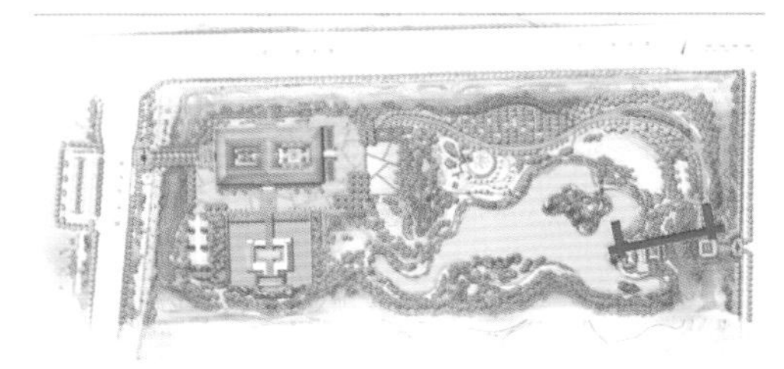

休闲生态岛剖面

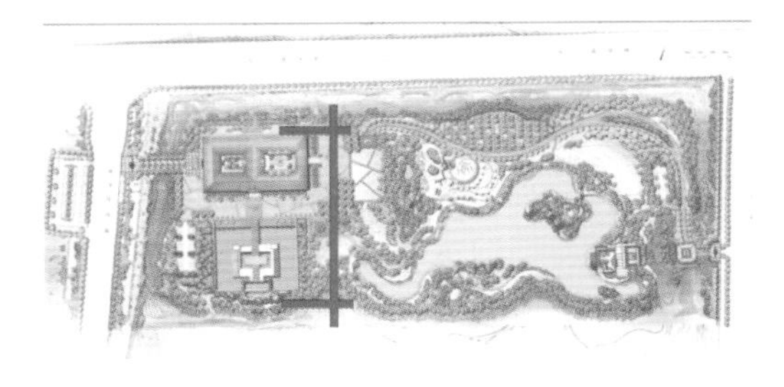

嘉瑞轻纺四季中庭·广场水景

“布面”肌理

开 发 商： 浙江嘉瑞轻纺有限公司　**项目地点：** 浙江杭州　**采　编：** 盛随兵

项目类型： 商业广场　**设计单位：** 杭州安道建筑规划设计咨询有限公司

整体景观设计概括：简约休闲风情

嘉瑞四季中庭位于嘉瑞轻纺办公楼前院，是一个具有休闲息的广场，又是绿意盎然的户外居庭。设计师旨在以现代感的空基调来营造一个简洁明快、恬静的办公与休闲空间，创造悠然、净、追求艺术品质的个性化办公景观，并以最简单的几何元素和纯粹的色彩，来表现景观与建筑的协调与融合。

广场水景的设计手法和特点：“布面”肌理

广场以四季节气为设计重心，而四季的演化则以精心安排水景和花木所呈现。水是广场布局上的重点部分，它的各种形状征了不同节气变化的特色，为入口部分提供引人入胜的效果。春以璀璨闪耀的水景和开花树木为代表；夏天以清凉的倒影水池为表；而秋天则以小型水景和极具秋意的树木为代表；还有特色水水景则代表冬天的季节。

水总是灵动的，一个场所拥有了水就好比赋予了生命，在业广场平静的地面上，水也可以创造出细微的景观层次感。在这通过水把景观串联起来，从空中鸟瞰全景能体现出设计灵感来源“蜿蜒于布面之上的水肌理”，为广场营造舒畅、闲适的空间感。

广场采用多种材料，如实木、不锈钢、石材，不同的材质和色彩带来不一样的感受。它们都通过水体串联起来，使整个空间和谐统一并充满现代艺术气息。特色景观树池经过精心设计，打造了独一无二的视觉盛装。背景的台阶，增加了整个空间场所的竖向元素，丰富了景观层次。

杭州湖滨街区·商业街水景

由湖取水

业　　主：杭州湖滨商贸旅游区发展有限公司
项目类型：商业街
项目地点：浙江杭州
设计单位：浙江南方建筑设计研究院、美国捷得建筑师事务所
采　　编：盛随兵

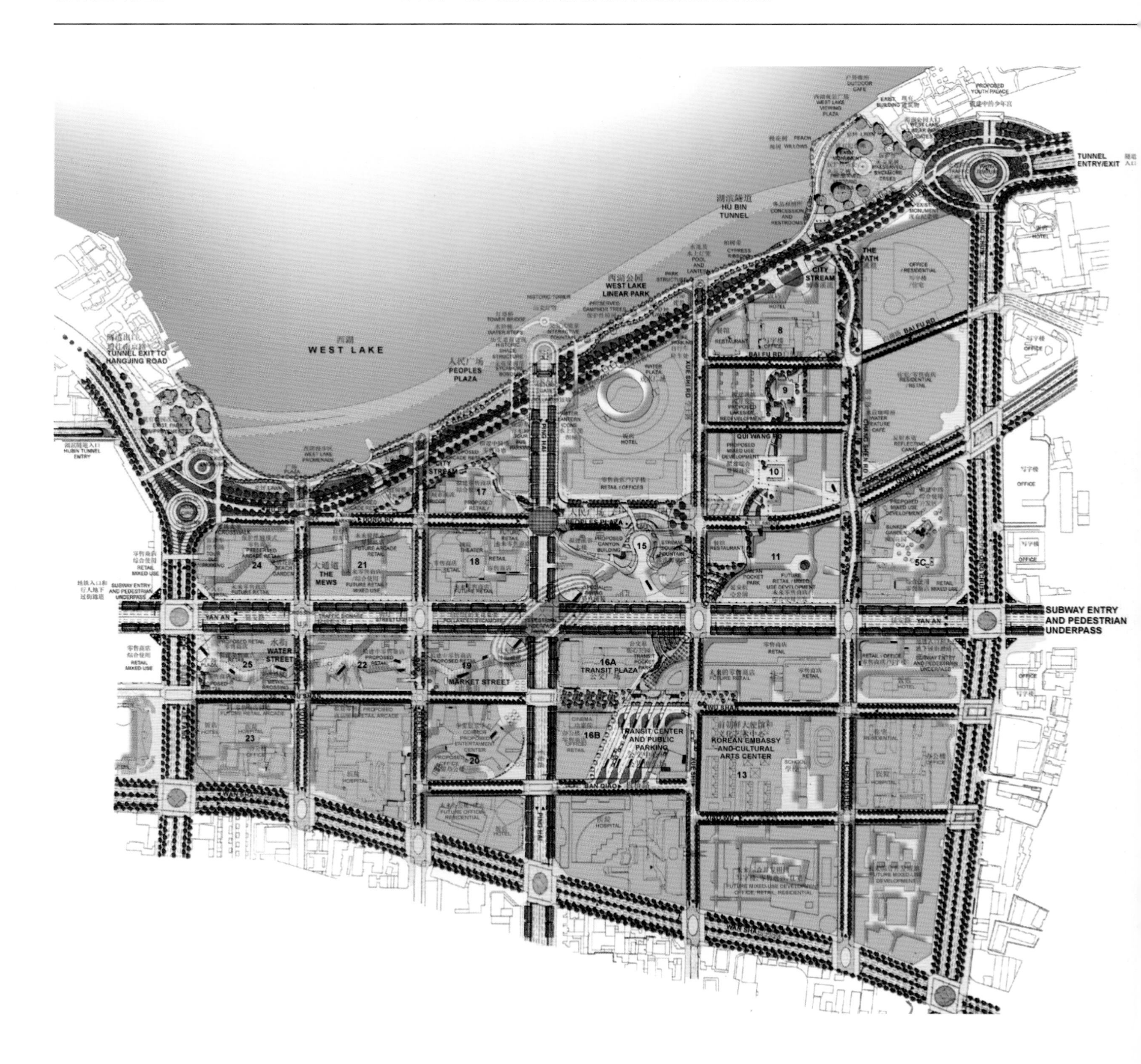

SKAP

整体景观设计概括：水文休闲风情

项目从曾经繁忙的滨水车道演变成为今天纯粹的行人区域，融合着历史和西湖东岸区之美、私密与公共两相宜的风情。“城市溪流”和水街将该区自然、文化、人文等元素与西湖交织，让西湖重新回归到人们的生活当中，为当地人民提供了一个充满活力的休闲街区。

水景观的设计手法和特点：由湖取水

通过“城市溪流”理念的实施，西湖的活水再次流进了因杭州城市化进程中遗留下来的河道，改善水质的同时恢复了杭州原有的水文状态。蜿蜒的河道、水池、喷泉、跌水等景观，都从湖中汲取水源，显得生机勃勃。

设计师运用折中方案，将体现该区品质的新旧元素糅合起来。刻在排水口上的历史图案、铺装、还有材料组合（以花岗岩为主，加上石材和陶土砖）给人行系统增添了人文气息；路旁的座椅运用了新材料建造的传统建筑元素，提升本区空间与滨水区的联系；人行道旁古老的梧桐树、杏仁树、樟树、柳树和桃树下，随处可见的粗糙石凳、木制或金属制的长椅等，都体现了历史、人、文化要素三者结合的空间原则和景观特色。

灯光设计为夜间在此活动的人们营造一个生动、充满活力的世界。形似宝塔的磨砂玻璃圆柱水灯、变色灯和喷泉水景给人行道增添了活力，加强了西湖和该区的联系。9米高的玻璃圆柱变色灯勾画出各个大型广场，而在小型空间则以铺地下方透出随机变化的颜色、图案为特色。

swatch
swatch
swatch
swatch

BLENZ COFFEE
BLENZ COFFEE
BLENZ COFFEE
BLENZ
BLENZ COFFEE
ROSSO ROSSO

ROSSO
ROSSO
BLENZ COFFEE

桐乡新能源市场·入口区水景

曲线形设计

开 发 商：桐乡市国创置业有限公司

项目类型：商业市场

项目地点：浙江省桐乡市

设计单位：杭州安道建筑规划设计咨询有限公司

设 计 师：童亮、徐扬

采　　编：盛随兵

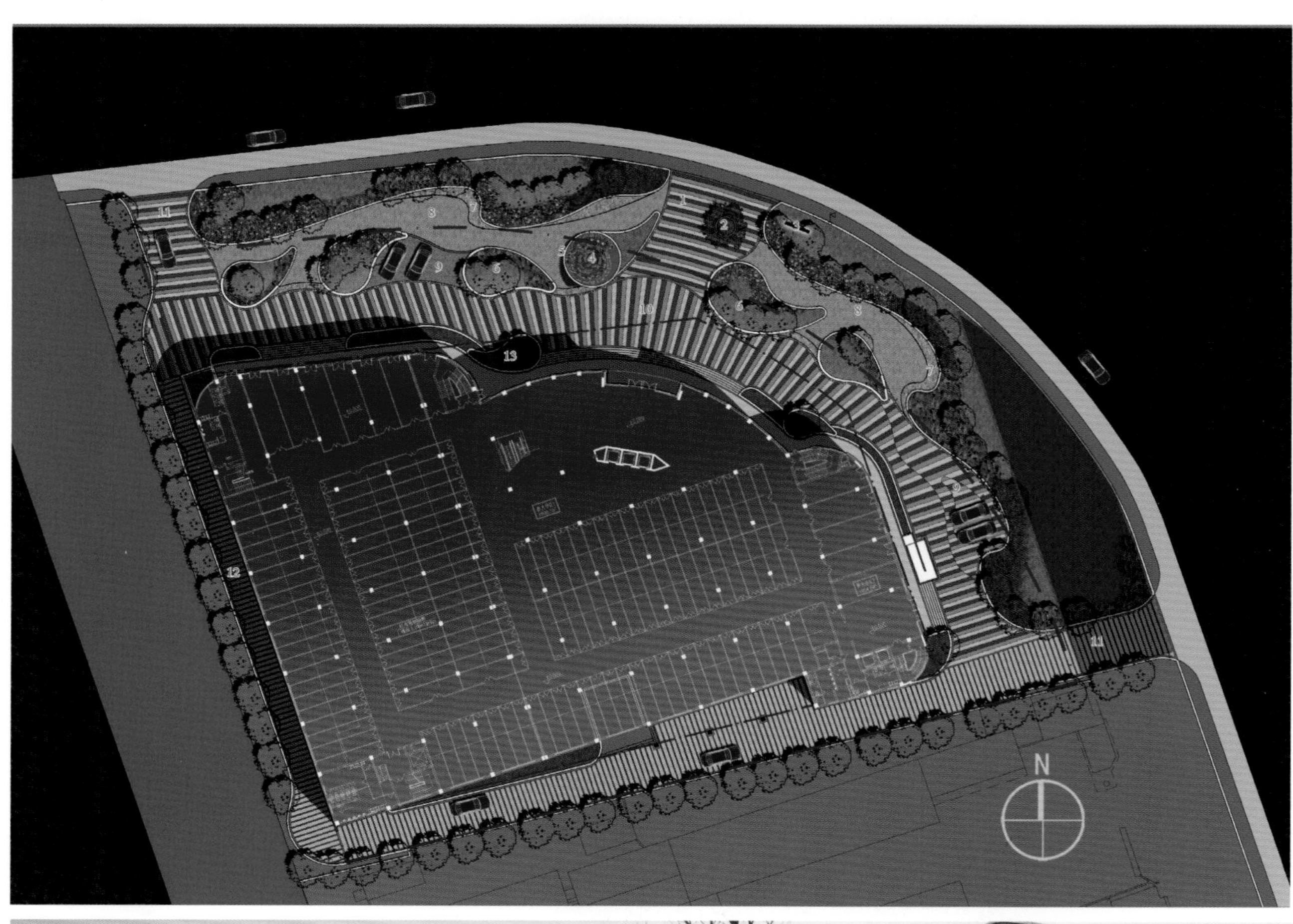

01.主入口铺装
02.主景大乔木
03.入口铭牌
04.特色水景
05.水景景墙
06.平趣味花坛
07.砾石铺地
08.自然草坪
09.地面停车位
10.车行道铺装
11.车行道入口
12.主要消防通道
13.景观花坛

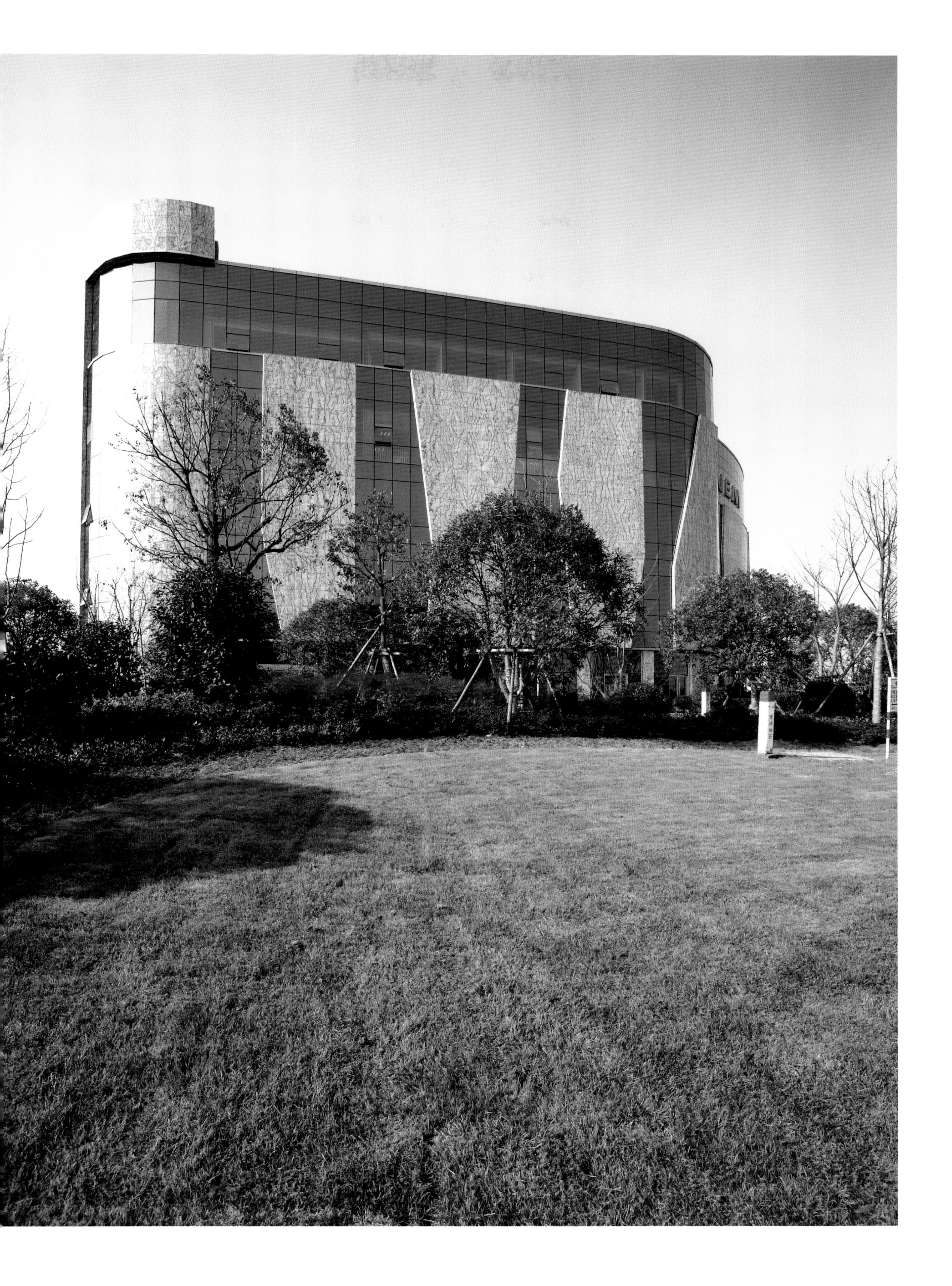

INEM

整体景观设计概括：水滴流动性引发创意灵感

新能源强调能源的可再生以及不破坏环境的宗旨与水的流动循环变化体现了可持续性，两者在理念上形成了一致性。

由水滴自然的流动肌理而引发的创意灵感，一方面呼应了建筑的曲线平面，同时很好的解决了场地的局限性问题。将建筑与周边环境很好的融合在一起，同时也突出了新能源市场的功能性质。

入口景观的设计手法和特点：曲线形设计

设计上采用现代流线型的景观处理手法，以建筑的元素来寻求有机的次序和均匀，将建筑风格延伸入景观进行循环，将场地赋予运动感和场所的精神感。流动的曲线形成了一个脉络或者一种介质，串联场地的各种元素，并使之浑然一体，线条的尺度以及间距诠释了场地的脉动，这种脉动也和建筑产生了共鸣，不停重复和循环承载着灵动的变化。

小跌水不仅构成了场所的焦点，同时极好的活跃了空间的气氛。入口处巧妙设置的大乔木，不仅形成了林荫效果，也构成了场所的视觉中心，能让处于室内工作的人们抬起头就能感受到自然的气息。

选用的植物主要有银杏、桂花、香樟、金边大叶黄杨、红花灌木、红叶石楠、金边胡颓子、无刺构骨、月季。景观小品有跌水、树池、鹅卵石步道。

杰克埃文斯船港码头·滨海景观

台地式亲水平台

甲　　方：堤维德岬镇议会
项目类型：公园
项目地点：澳大利亚
设计单位：澳派景观设计工作室
采　　编：盛随兵

整体景观设计概括：多元化的绿色堤岸

项目位于新南威尔士州与昆士兰州的分界线上，堤维德河入海口的位置，新的海岸线和滨海休闲娱乐中心都被规划在占地49 000平方米的公共绿地之内。堤维德镇将本项目视为推动经济振兴的契机，试图将其打造成为一个多元化的、充满活力的，且具有丰富文化底蕴的娱乐和旅游中心。

滨海景观的设计手法和特点：台地式亲水平台

整个项目的主要设计元素是一个简洁的台地式亲水平台，用预制混凝土打造，环抱整个海港。运用模块化的设计方法建造的亲水平台非常适合这片游人如织的滨海景观，对于受潮汐、河流和沿海气候压力影响的复杂的水文环境来说，也是非常完美的解决方案。此设计不仅成功地打造了一处优秀的休闲活动场所，同时还利用河流本身的潮汐变化，为公共绿地营造独具特色又变化万千的游览体验。

在亲水平台周边设计师为新的滨海景观提供了一系列新的亲水设施，包括一片新的沙滩、一座新的岩石岬角、一个“城市码头”、浮桥、水中剧场、游泳区、垂钓点和船舶馆等。建造这一系列设施的目的是为了抵御频繁的潮汐和风暴对海岸线的破坏，也是为将来有可能发生的气候变化和海平面上升做好准备。

整个滨海开放绿地已成为一个非正式的“城市广场”，一个可以让人们聚会交流、开办周末集市的场所，还设有纪念馆、儿童游戏空间和开阔的供人休憩放松的绿色堤岸。各项公园体验通过一条动态的活动走廊相连，并与不断变化的水陆交汇线相连接。

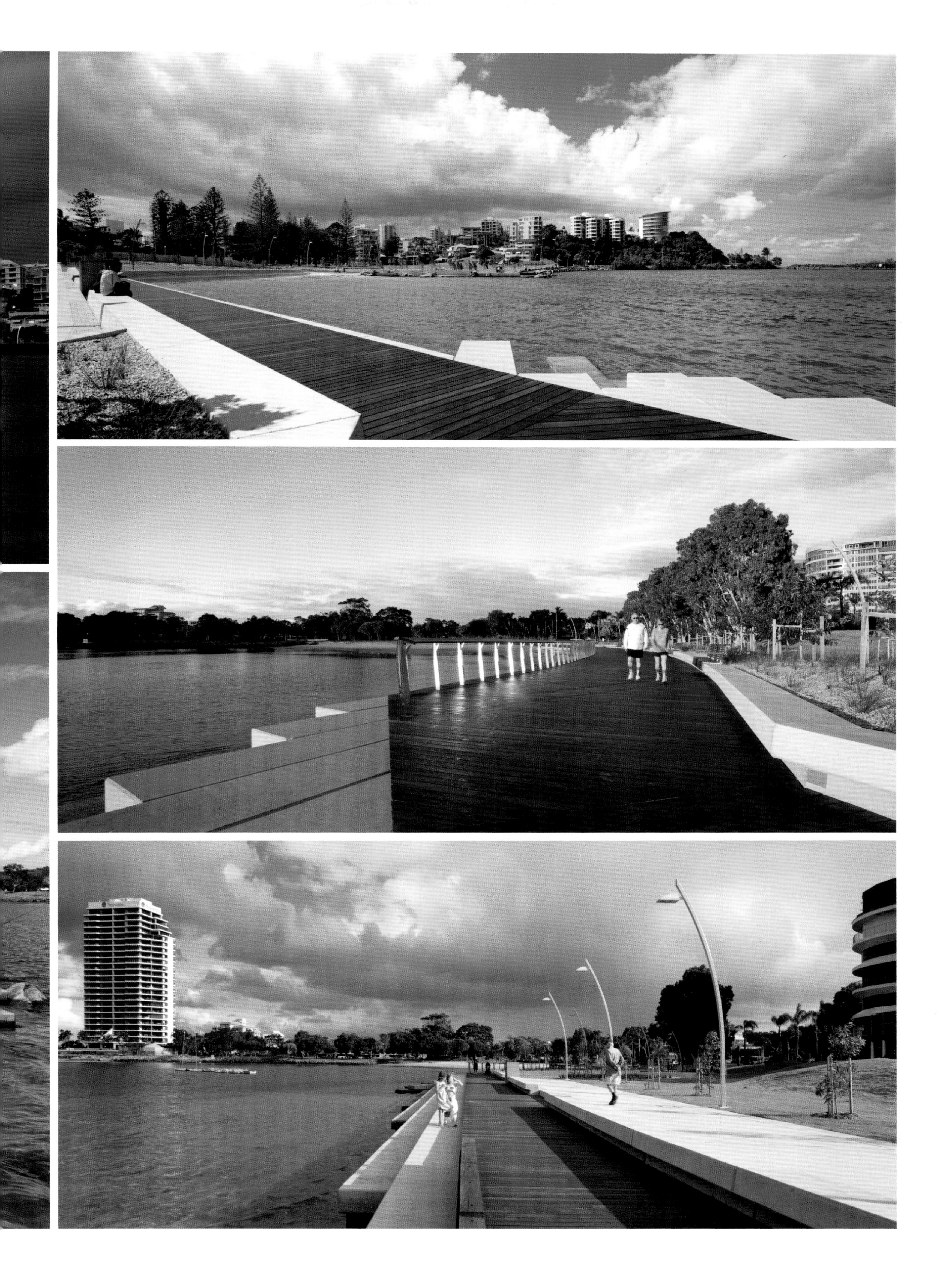

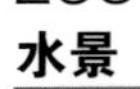

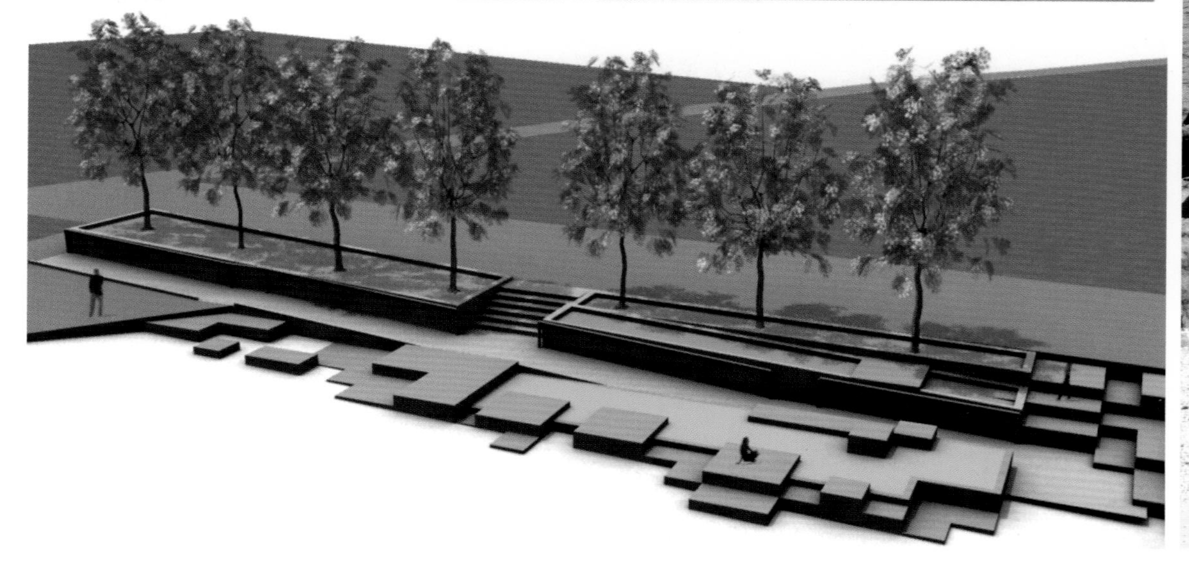

芜湖商务文化中心区中央公园·河道景观

带状设计

开 发 商：芜湖商务文化中心建设指挥部
项目类型：公园
项目地点：安徽芜湖
设计单位：奥雅设计集团
采　　编：张培华

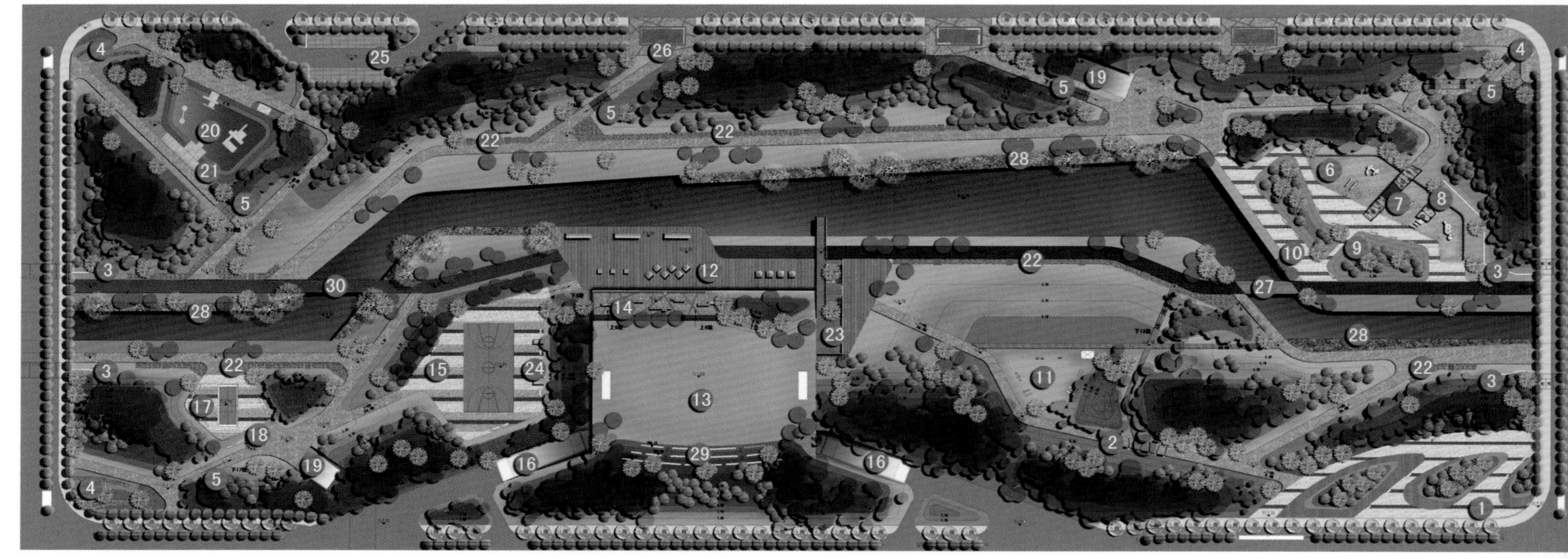

01.入口 草丘广场
02.特色构架-01
03.特色座墙
04.特色入口
05.公园入口台阶
06.儿童戏砾池
07.特色廊桥-01
08.特色廊桥-02
09.趣味雕塑林
10.景观广场
11.成人健身器械区
12.商业休闲区
13.足球场
14.景观平台
15.篮球场
16.地下车库出入口
17.羽毛球场
18.特色景墙
19.地下通道出入口
20.极限运动场
21.特色构架-02
22.生态草沟
23.景观木栈桥
24.特色廊桥
25.室外停车场
26.特色种植池
27.景观桥-02
28.绿飘带-湿地水草
29.看台
30.景观桥-01

运动园

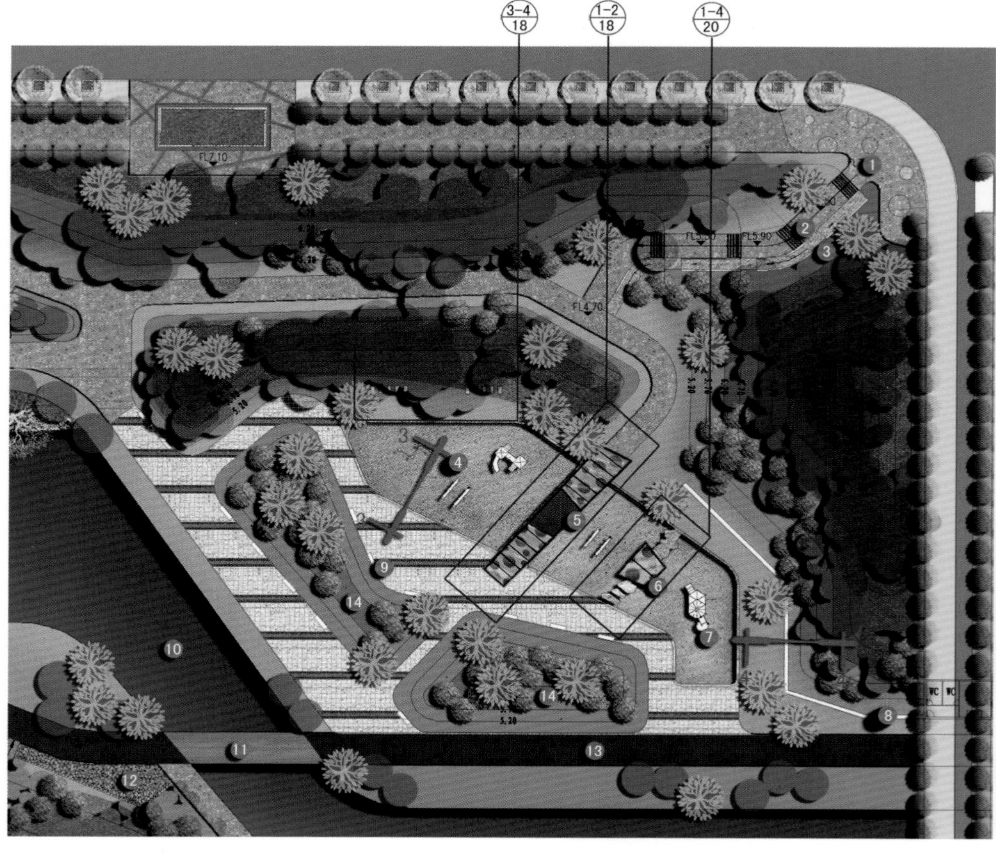

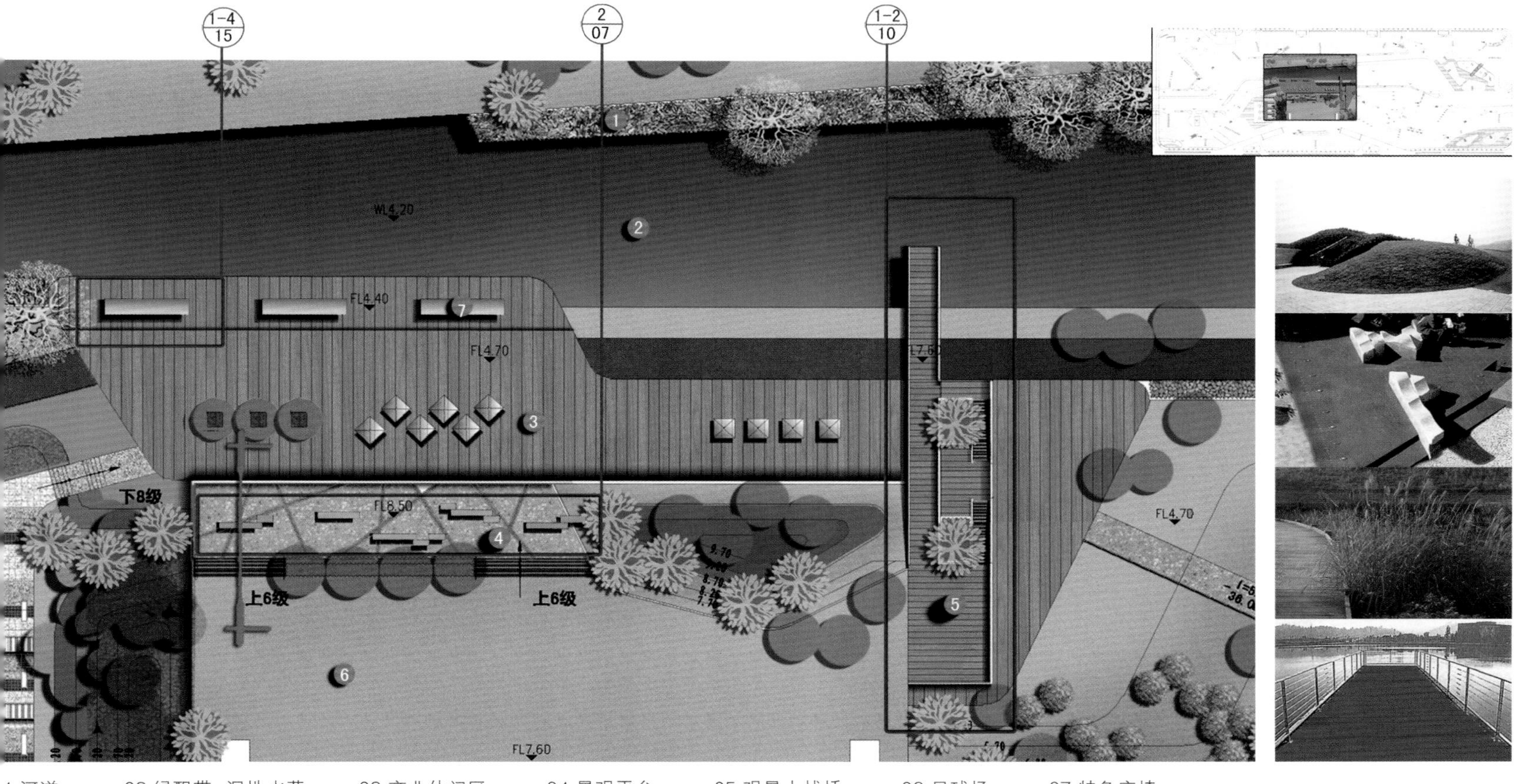

1.河道　02.绿飘带-湿地水草　03.商业休闲区　04.景观平台　05.观景木栈桥　06.足球场　07.特色座椅

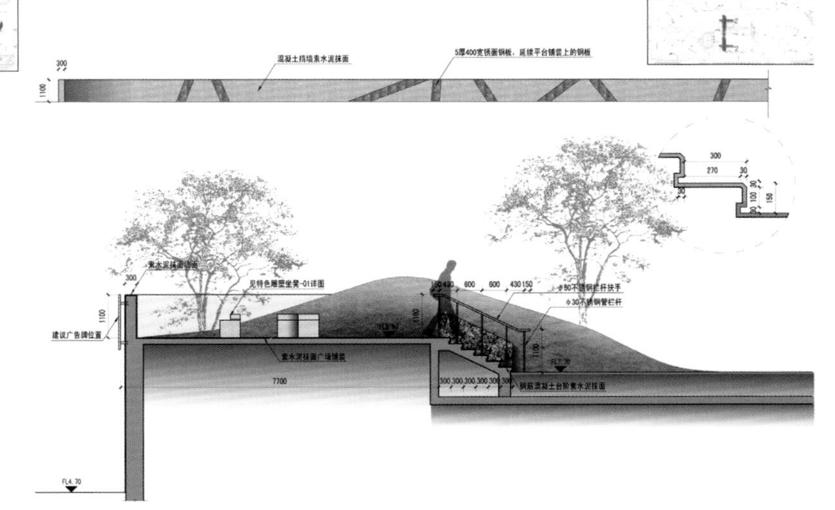

3

整体景观设计概括：人文自然

项目旨在以穿梭于山水之间的绿飘带为背景，营造体现天人合一、自然回归、大地艺术和人文展台的大型都市公共空间，实现生态和人文空间互相映照，打造人文与自然结合的带状城市公园。

河道景观的设计手法和特点：带状设计

公园采用“生态草沟”回收地面径流，排放到人工河道的方式，创建了场地自身良好的水系循环系统，实现了人工水系零维护的“可持续发展”先进理念。河岸利用土方营造地形，形成几何图形的坡地艺术景观，不但有利于场地排水，而且能利用地形建立暴雨蓄水池来补充地下水。

河道利用生态石笼驳岸，科学经济地解决了淤泥土质修渠堆坡的工程难题。河岸形成了“山水间的绿飘带”，有乔木、银杏、水杉等主题林带。其中河岸最重要的种植特色反映在“低层”，多选用草沟种植——本土的水生耐旱花草。沿着一河两岸、生机盎然的花径，在漫步中感受自然与人文的交流与互动，悠享写意的城市休闲空间。

禁止游泳

运动园
SPORTS PARK

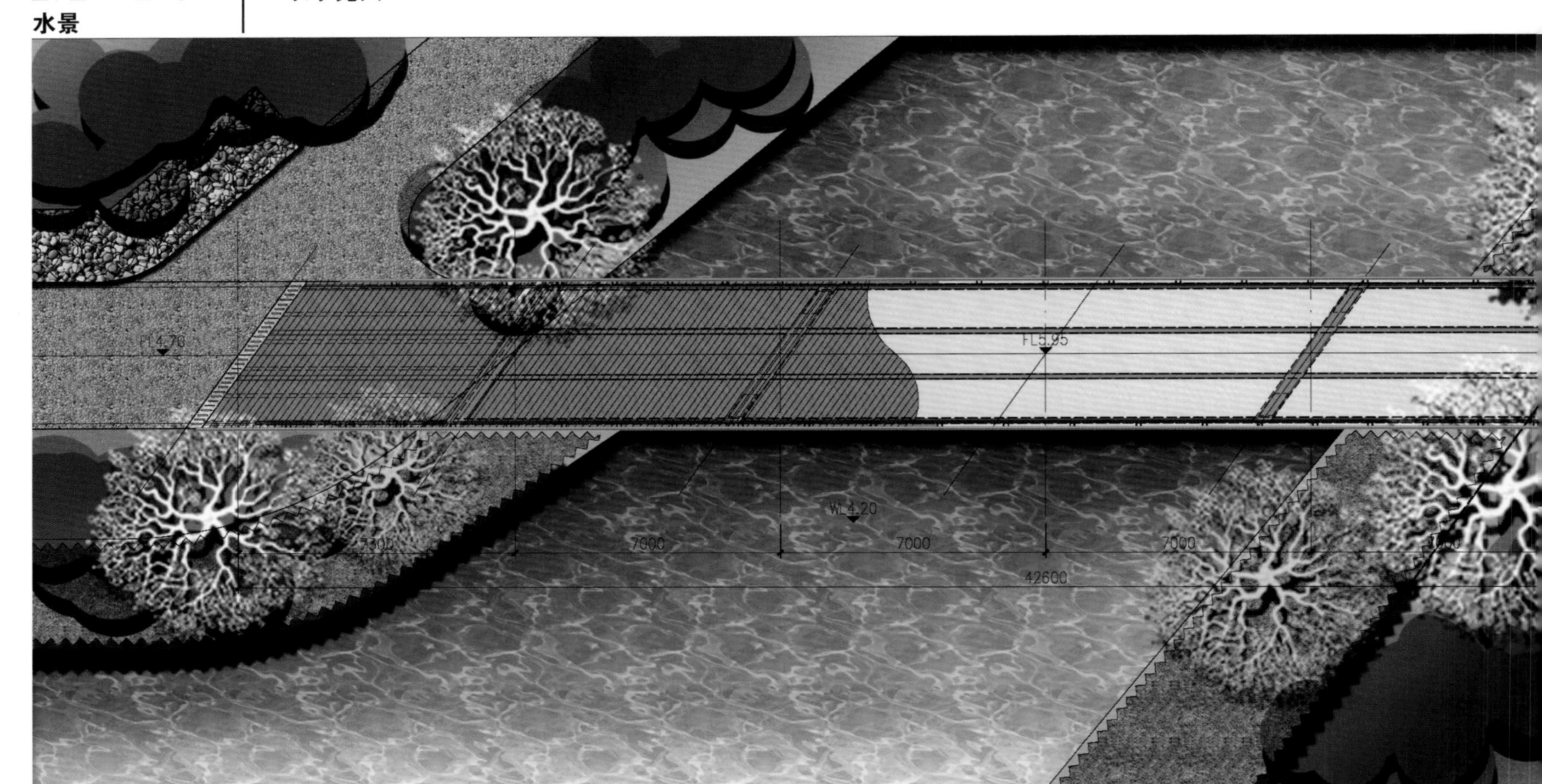
FL4.70
FL5.95
WL4.20
7000
7000
7000
42600

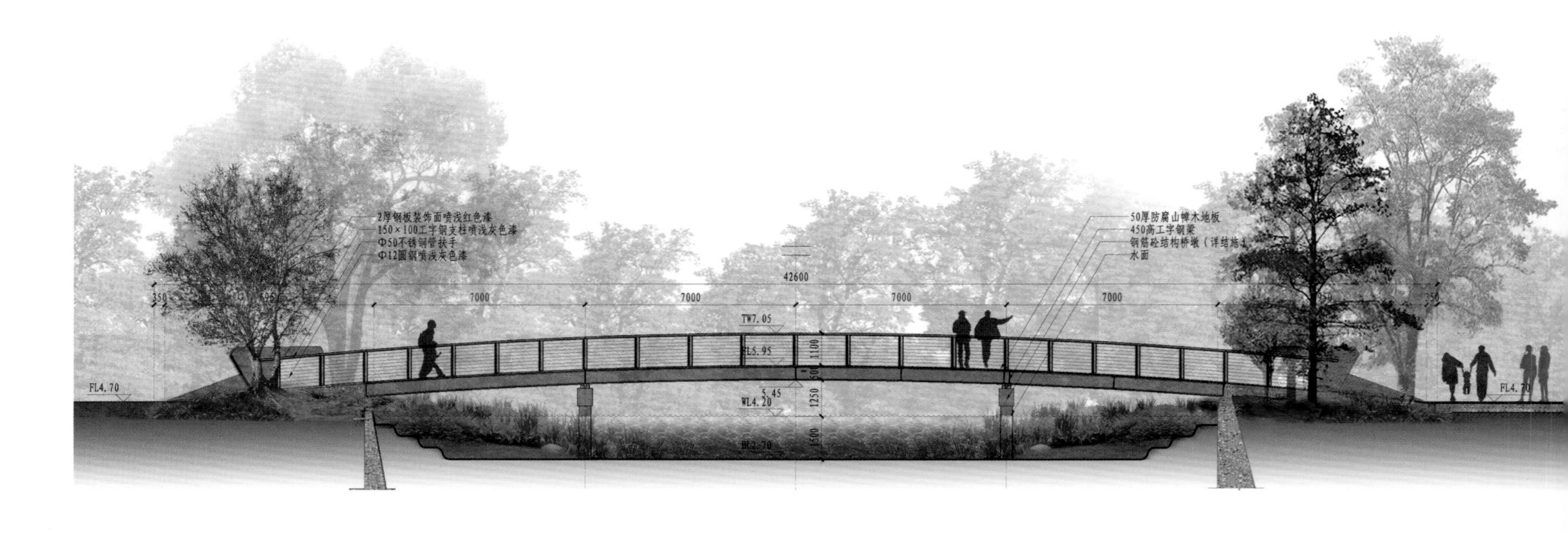
2厚钢板装饰面喷浅红色漆
150×100工字钢支柱喷浅灰色漆
Φ50不锈钢管扶手
Φ12圆钢喷浅灰色漆
50厚防腐山樟木地板
450高工字钢梁
钢筋砼结构桥墩（详结施）
水面
42600
7000
7000
7000
7000
TW7.05
FL5.95
1100
500
WL4.20
1250
1500
BL2.70
FL4.70

Φ50不锈钢管扶手
Φ50钢管喷浅灰色漆
Φ30钢管喷浅灰色漆
Φ60钢管支柱喷浅灰色漆
50厚防腐山樟木地板
钢筋砼结构桥板（详结施）
水面
27000
17000
5000
4700
300
8500
8500
300
5000
4700
TW6.90
FL5.80
1100
5.30
WL4.20
1100
1500
BL2.90
FL4.70
FL4.70

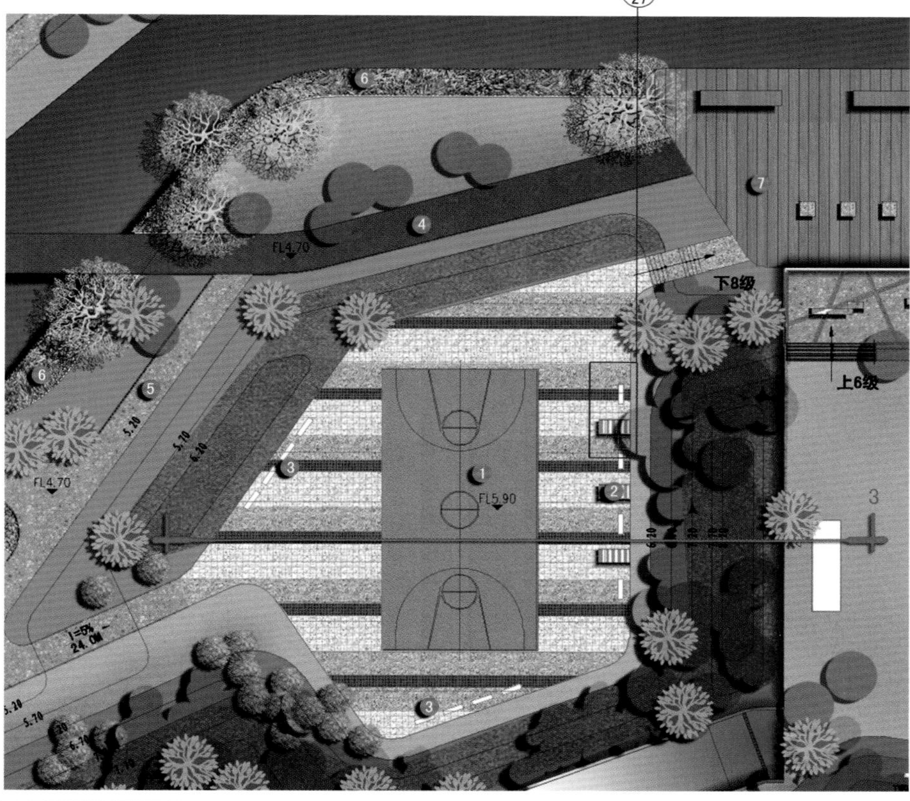

01.篮球场
02.特色廊架
03.特色座凳
04.自行车道
05.休闲步道
06.绿飘带-湿地水草
07.商业休闲区

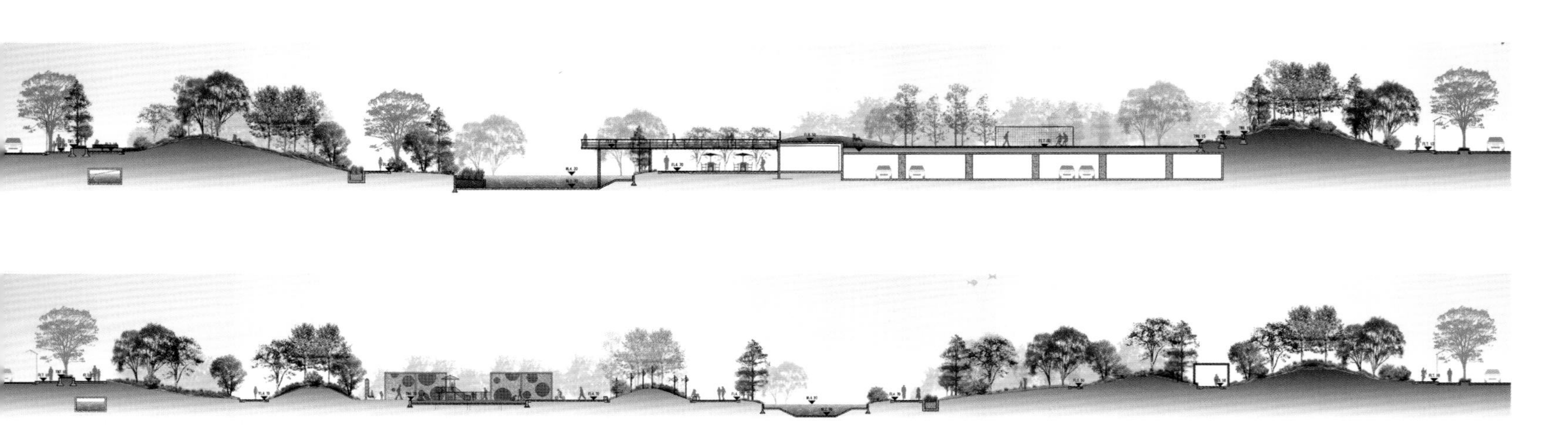

文化公园

2500
2400
1200
2000
300
5厚锈面钢板饰面喷保护油
2000
ф200-350石块干垒
不锈钢丝网固形

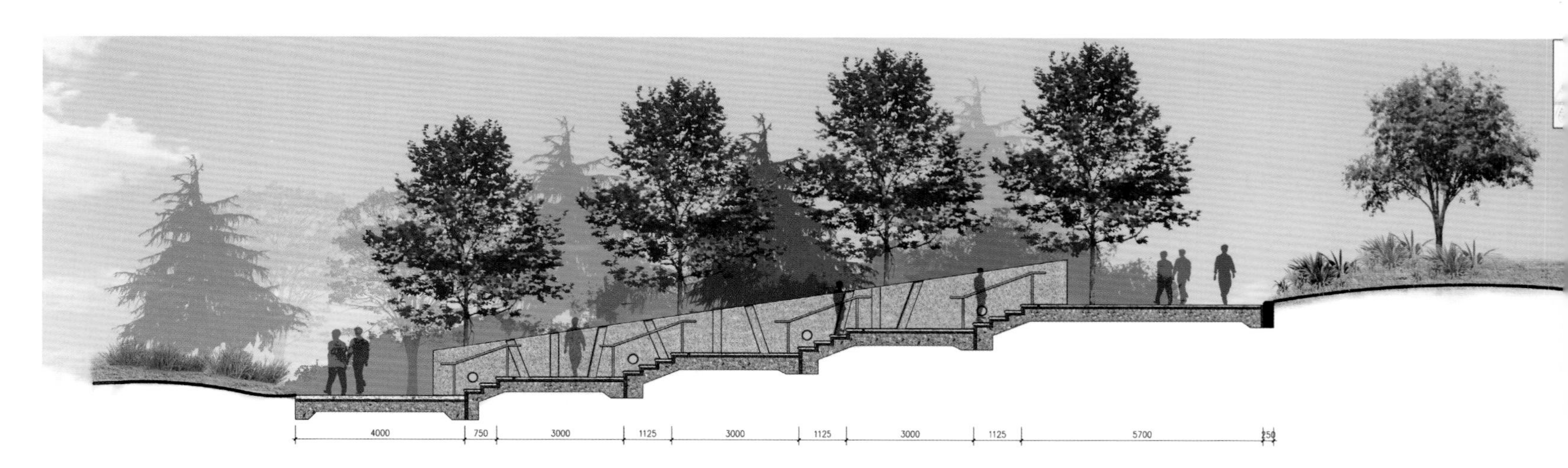
4000
750
3000
1125
3000
1125
3000
1125
5700
350

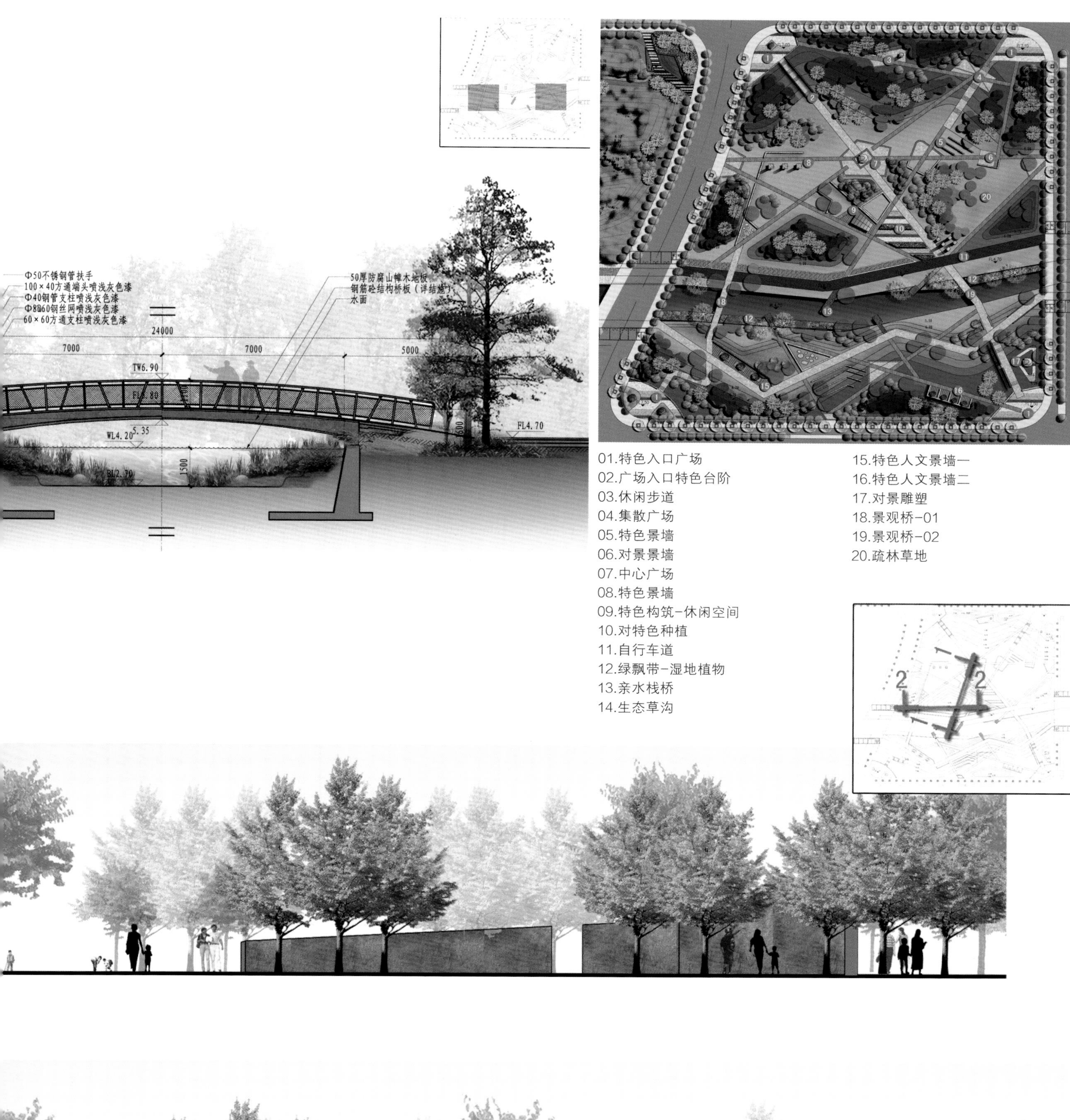
Φ50不锈钢管扶手
100×40方通端头喷浅灰色漆
Φ40钢管支柱喷浅灰色漆
60×60方通支柱喷浅灰色漆
50厚防腐山樟木地板
钢筋砼结构桥板（详结施）
水面
24000
7000
7000
5000
TW6.90
5.35
WL4.20
1500
600
FL4.70
01.特色入口广场
02.广场入口特色台阶
03.休闲步道
04.集散广场
05.特色景墙
06.对景景墙
07.中心广场
08.特色景墙
09.特色构筑-休闲空间
10.对特色种植
11.自行车道
12.绿飘带-湿地植物
13.亲水栈桥
14.生态草沟
15.特色人文景墙一
16.特色人文景墙二
17.对景雕塑
18.景观桥-01
19.景观桥-02
20.疏林草地

水景

中心水景

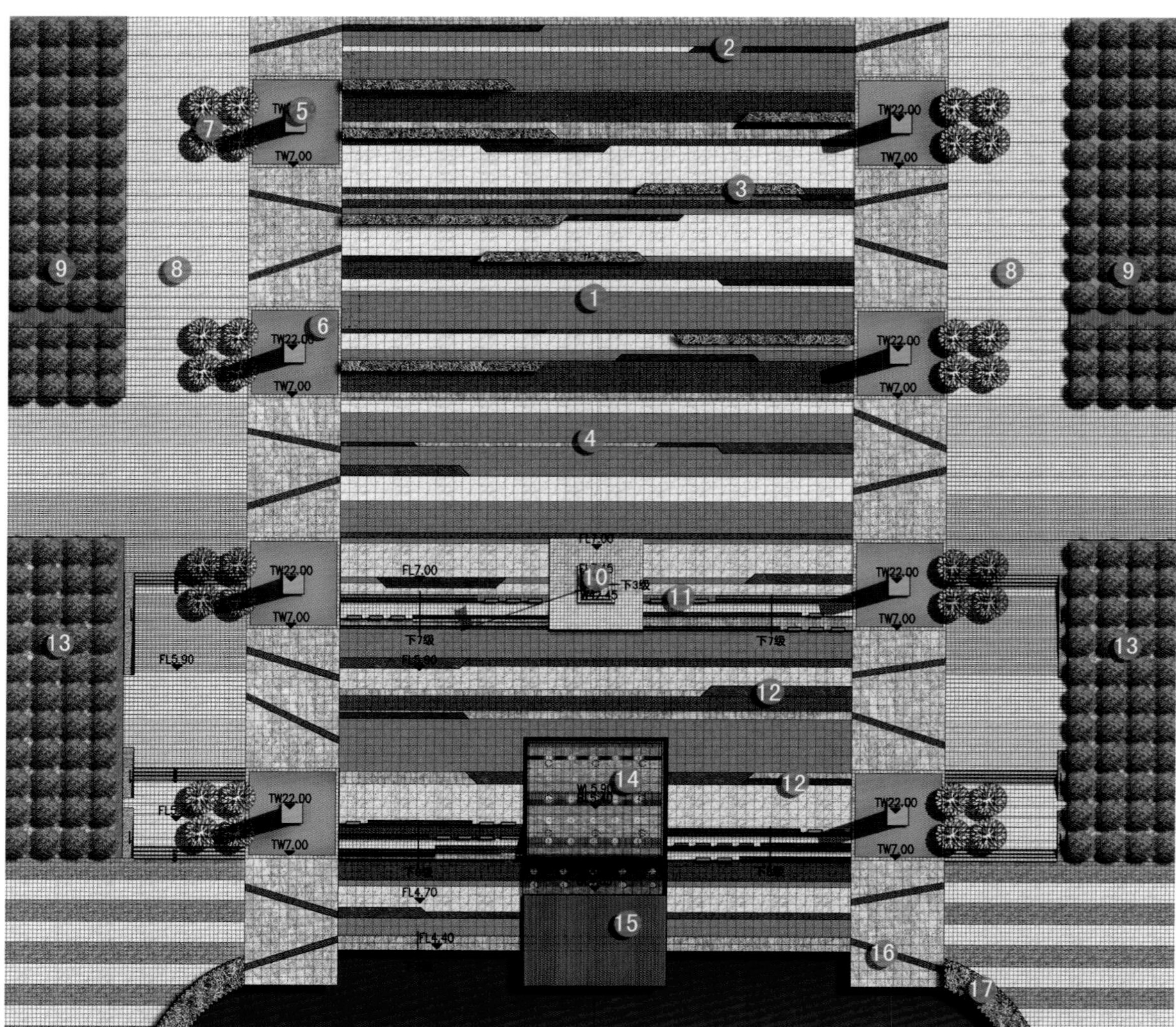

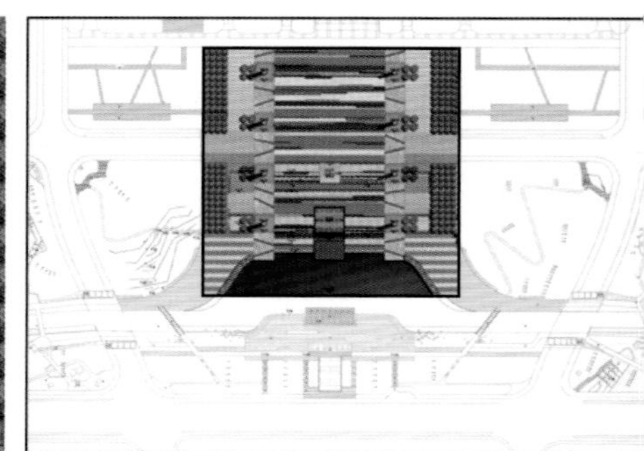

01.中心广场
02.特色旱喷泉
03.特色种植
04.隐性车行道
05.景观灯柱
06.阳光草坪
07.特色树阵
08.直行通道
09.阵式密林
10.旗台
11.特色台阶座椅
12.彩色铺装
13.雨水 收集池
14.中心跌水
15.观景平台
16.亲水台阶
17.绿飘带(湿地水草)

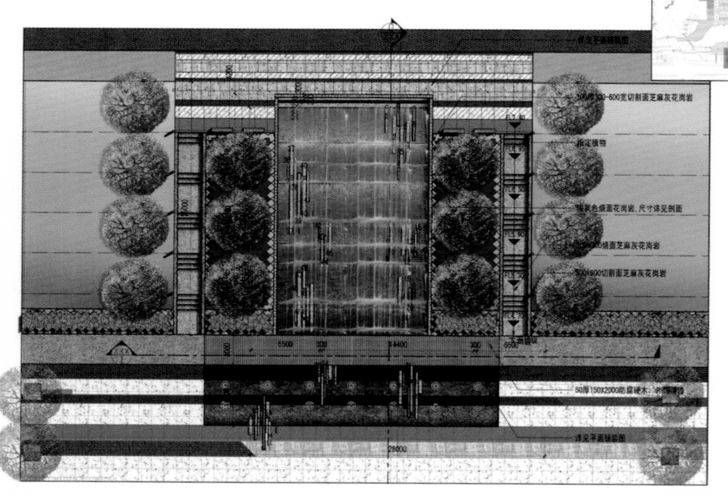

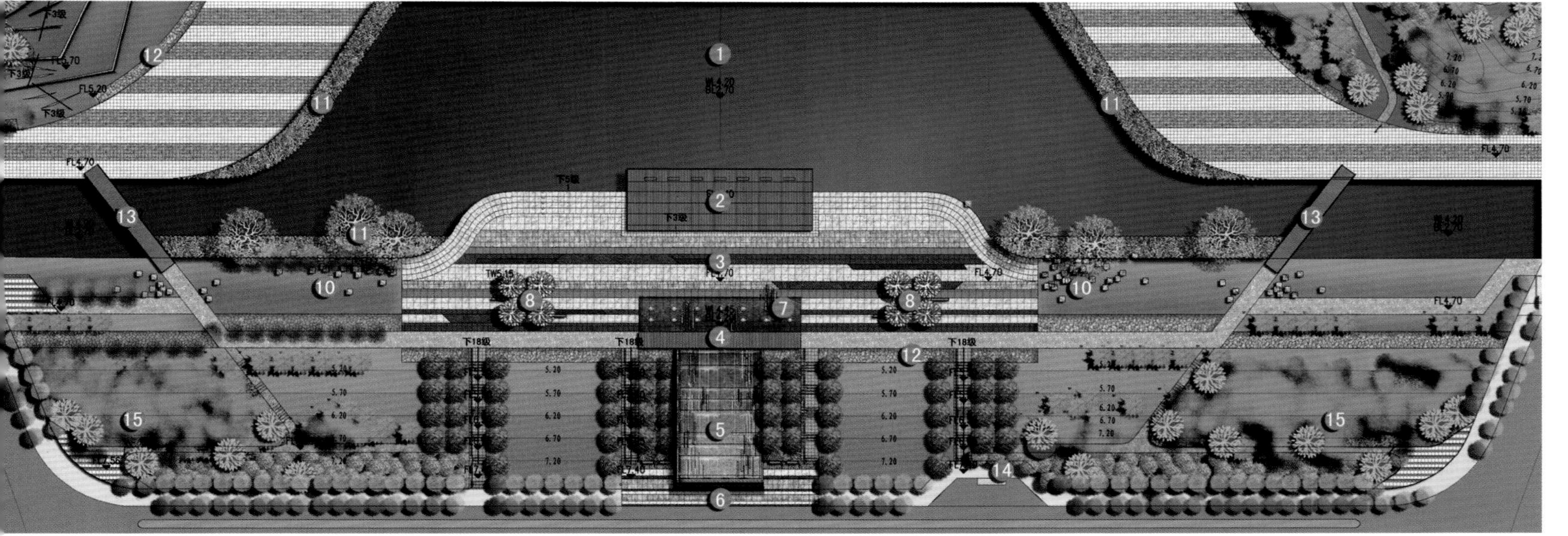

01.中心水域
02.亲水平台
03.特色铺装
04.趣味小桥
05.大型跌水
06.节点小广场
07.雾喷泉
08.座椅树阵
10.特色石景
11.绿飘带(水草)
12.雨水收集池
13.特色小桥
14.公交车站
15.密林草地

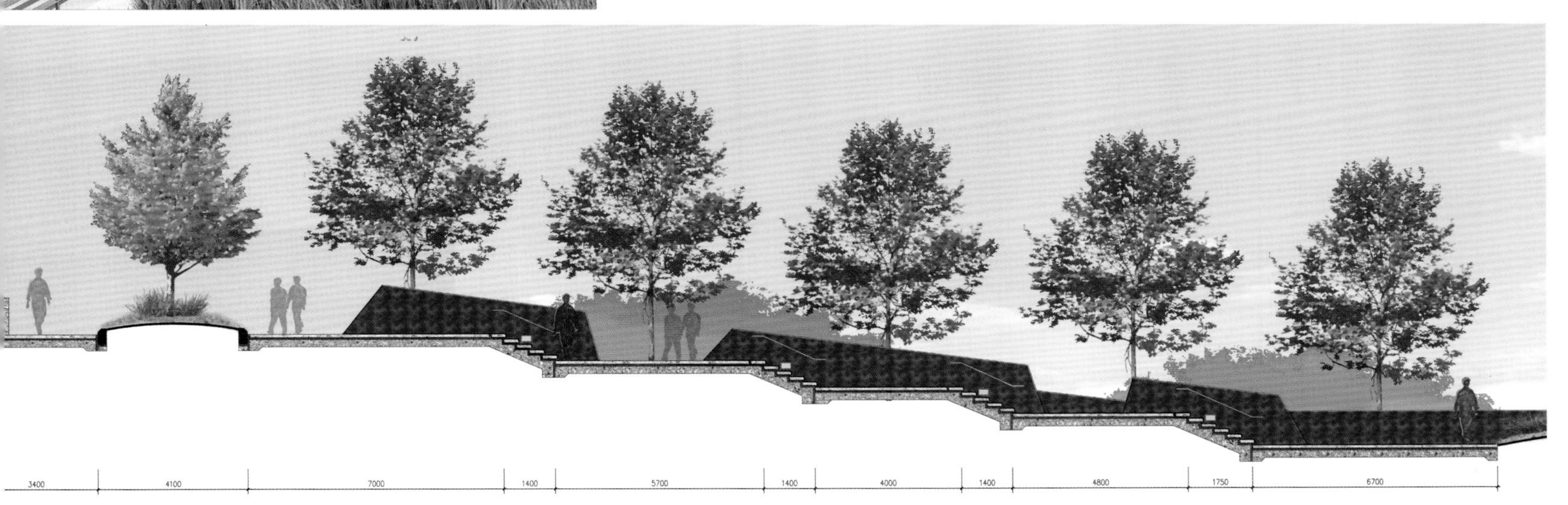

雕塑

01.特色入口广场
02.纪念性雕塑
03.特色种植
04.休闲广场
05.中心雕塑
06.特色构筑
07.硬质广场
08.特色水景
09.观景木平台
10.绿飘带-湿地植物
11.观景桥-01
12.观景桥-02
13.亲水平台
14.雕塑广场
15.生态草沟
16.特色种植地
17.特色构筑-钢构廊架
18.对景雕塑
19.自行车道
20.阳光草地

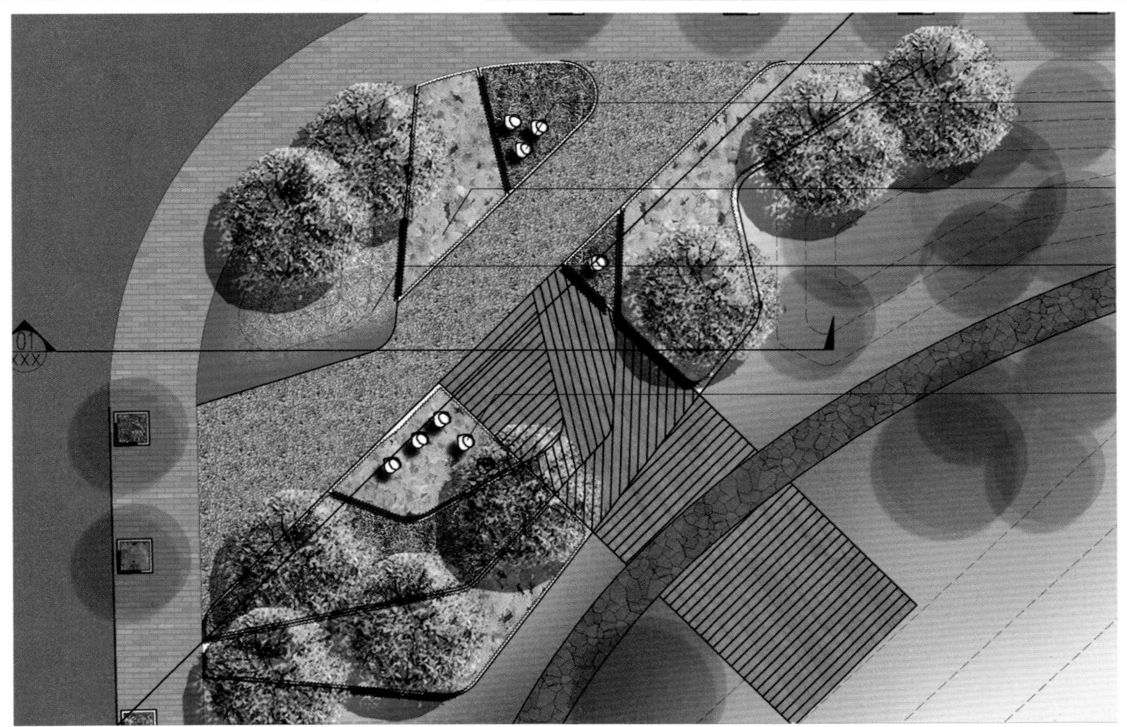

指定雕塑

特色种植

彩色坡地

指定雕塑

迁安三里河生态廊道・河道景观

串珠结构

甲　　方：迁安市建设局
项目类型：公园
项目地点：河北省迁安市
设计单位：北京土人城市规划设计有限公司
设 计 师：俞孔坚、王云峰、石春、封显峻等
采　　编：张培华

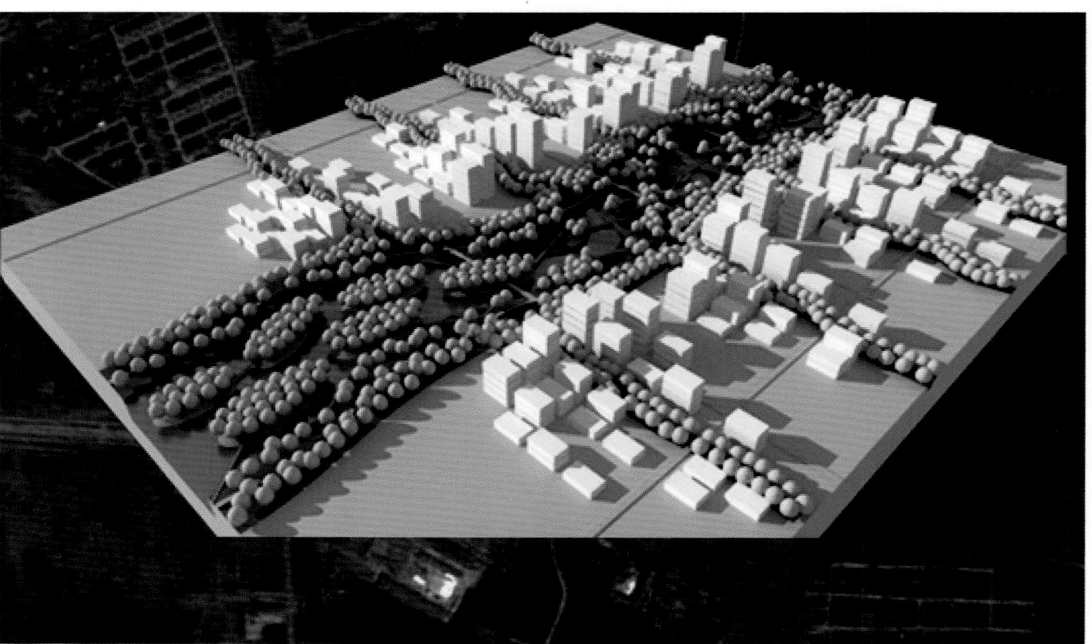

整体景观设计概括：带状绿地

三里河生态廊道占地约1 350 000平方米，全长绵
13 400米，宽度约100至300米，为一带状绿地公园。
迁安市绿地系统规划中，三里河滨水带为绿地系统规划
构中“一河两区，七带四片”中的一带。项目将截污
污、城市土地开发和生态环境建设有机结合在一起，通
景观建设带动旧城改造和新城建设，把带状绿地作为生
基础设施来建设，发挥景观作为生态系统的综合生态服
功能。

项目秉承生态与人文的设计理念，采用“三明治”
的带状绿地结构，在一个污染的城区河道上，恢复了一
生态的绿色基底，在此基底上形成一条独具特色的廊道。

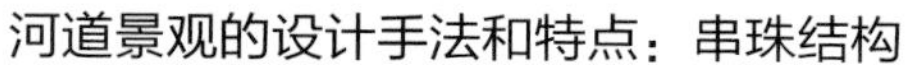

河道景观的设计手法和特点：串珠结构

为重点突出当地纸文化的折纸艺术空间，折纸艺术概念贯穿整个河道景观设计，名为“折起的记忆”。生态廊道的设计充分利用自然高差，将被防洪堤隔离在外的滦河水从上游引入城市，源头处形成地下涌泉，进入城市并改善其生态条件后，又在下游归流入滦河。

考虑到滦河水量的不确定性，三里河设计为串珠式的下洼式“绿河”，即使在没水的时候，也能保持串珠状的湿地，同时结合城市雨水收集和中水的生态净化和回用，使绿带具有雨洪调节功能，深浅不一、蜿蜒多变的拟自然河道设计，营造一个多样化的生物栖息地。

场地中原有树木都保留，从而形成众多树岛，令栈道穿越其间。整个工程倡导野草之美和低碳景观理念，大量应用低维护的乡土植被，水草繁茂，野花烂漫。沿绿带建立了一个步行和自行车系统，与城市慢行交通网络有机结合，向沿途社区完全开放。

东南二环休闲公园 · 护城河景观

环城水系

开 发 商：崇文区园林局
项目类型：公园
项目地点：北京
设计单位：北京北林地景园林规划设计院有限责任公司
设 计 师：张璐、吴婷婷、周宇、项飞等
采　　编：张培华

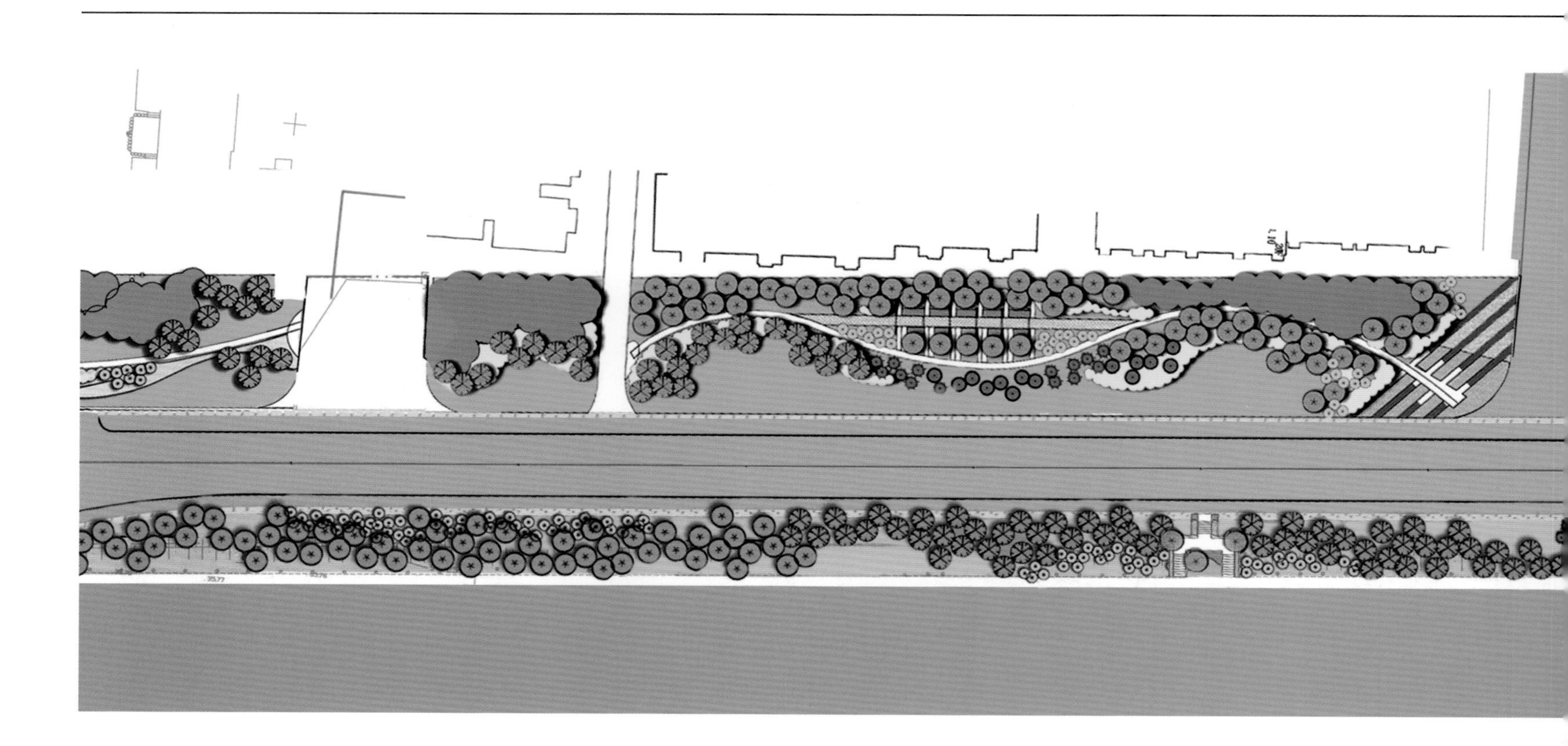

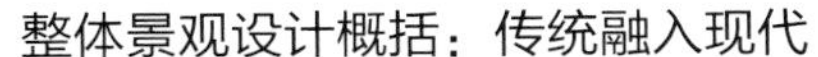

整体景观设计概括：传统融入现代

北京东南二环护城河休闲公园，东侧紧邻东南护城河，西侧临近各个时期新老居住区。该公园的主题是将传统南城的平民文化特质和谐融入现代京城生活中。公园将护城河沿岸若干绿化代征地建设和护城河美化相结合，充分体现人文与生态和谐共生理念，打造内环自然环境优美、文化特色鲜明的景观效果。

护城河景观的设计手法和特点：环城水系

护城河——南城的环城水系，见证了北京城的文化兴衰与生活变化，是北京城重要的记忆载体。东护城河以休闲文化为主线，南护城河以自然生态为主线，打造了“春和景明”、“中和韶乐”、“左安环翠”、“广渠晴虹”、“樱棠流霞”等九个景观节点。

河岸在最大程度保留原有植物的基础上，优化植物结构，丰富植物种类。通过乔灌草合理搭配，彩色植物、香源植物、宿根时令花卉自然式组合，营造了树种丰富、结构合理、自然协调的植物群落，突出了空间层次和季相变化。

沿岸的细部元素经过提炼浓缩和简化，用现代的方式融入小品、铺装、构筑物设计中，并将各种图案以红色钢板透雕的形式安放在各个景墙花廊的立面，形成统一的风格，体现传统与现代的完美融合，构筑成特有的文化风景线。

考帕克利士替湾畔区 · 喷泉景观

互动式设计

项目类型：公园
项目地点：美国德克萨斯州
设计团队：Sasaki Associates, Gignac Associates
采　　编：张雅林

整体景观设计概括：滨水绿化大道

考帕克利士替市通过堆填了湾畔区中的一片海域来建造一个新海堤，以保护这地区免受飓风的侵害。从此，湾畔区被定性为一条宽敞的海岸林荫大道，成为北海滨公园的景观点，可供汽车行驶，两旁可供行人通行。

喷泉景观的设计手法和特点：互动式设计

湾畔区有一个互动式喷泉。该喷泉与别的喷泉景观不同，是以人的互动为最大特点，人们可以站在喷泉的旁边或下面来玩耍。喷泉一高一低的有序排列，靠近喷泉的地面呈现低洼形势，可以积聚喷泉洒下的水。夜间，有色灯光更为喷泉增添几分柔和感。

在沿海滨带设置了一排超过10米高的风力发电机来进行发电。这排风力发电机有着海螺一般的造型和色彩，同时也是一种动态艺术的体现，在湾畔上展示了该市的独特景观。这排风力发电机是湾畔上的地标，同时也给整个公园提供可再生电力能源。

海岸区域的草甸植物，能将雨水中的污染物过滤，让雨水渗透进入地表。这些海岸区草甸植物是海湾生态环境重要的保护者。

CENTER
SPEED LIMIT
20

American Bank Center
American Bank Center Drop-Off

居住景观

别墅

高层

公寓

商业景观

商业区

综合体

餐厅

办公景观

办公楼

公共景观

公园

配套景观

会所